陕西省通用安装工程消耗量定额

（2025）

第九册　消防安装工程

批准部门：陕西省住房和城乡建设厅
主编单位：陕西省建设工程造价服务中心
参编单位：陕西建工安装集团有限公司
软件支持：广联达西安科技有限公司
实施日期：2 0 2 5 年 7 月 1 日

中国计划出版社
北　京

本册编写人员名单

主　　编： 赵启哲　贺渤伦

副 主 编： 赵玉兰　曹　方　庄智斌

编写人员： 许泽梅　商　艳　武　波　周　红　闫腊梅　李炳峰
郑春华　古　丹　贾秀荣

软件操作： 郭继庆　路燚桓

总 说 明

一、《陕西省通用安装工程消耗量定额（2025）》共分十二册，包括：

第一册　机械设备安装工程

第二册　热力设备安装工程

第三册　静置设备与工艺金属结构制作安装工程

第四册　电气设备与线缆安装工程

第五册　建筑智能化安装工程

第六册　自动化控制仪表安装工程

第七册　通风空调安装工程

第八册　工业管道安装工程

第九册　消防安装工程

第十册　给排水、采暖、燃气安装工程

第十一册　信息通信设备与线缆安装工程

第十二册　防腐蚀、绝热工程

二、《陕西省通用安装工程消耗量定额（2025）》（以下简称"本定额"）是完成规定计量单位分部分项工程所需的人工、材料、施工机械台班、仪器仪表台班的消耗量标准。

三、本定额适用于工业与民用新建、扩建和改建工程项目中的通用安装工程。

四、本定额是在2021年《陕西省安装工程消耗量定额》基础上，以国家和有关行业发布的现行设计规程或规范、施工及验收规范、技术操作规程、质量评定标准、产品标准和安全操作规程、绿色建造规定等，并结合我省实际进行编制。

五、本定额是按照正常施工组织和施工条件，国内大多数施工企业采用的施工方法、机械装备水平、合理的劳动组织及工期进行编制。

1. 设备、材料、成品、半成品、构配件完整无损，符合质量标准和设计要求，附有合格证书和检验、试验合格记录。

2. 安装工程和土建工程之间的交叉作业合理、正常。

3. 安装地点、建筑物实体、设备基础、预留孔洞、预埋件等均符合安装设计要求。

4. 正常的气候、地理条件和施工环境。

5. 水、电供应均满足安装工程正常使用。

六、本定额未包括的项目，可按其他专业相应消耗量定额执行。

七、关于人工：

1. 人工以综合工日表示。

2. 人工消耗量包括基本用工、辅助用工和人工幅度差。

3. 人工每工日按照8小时工作制计算。

八、关于材料：

1. 材料泛指原材料、成品、半成品。包括施工中主要材料、辅助材料、周转材料和其他材料。在项目中以"（×××）"表示的材料为主要材料。

2. 材料用量：

（1）材料用量包括净用量和损耗量。

（2）材料损耗量包括从工地仓库运至安装堆放地点或现场加工地点运至安装地点的搬运损耗、安装操作损耗、安装地点堆放损耗。

（3）材料损耗量不包括场外的运输损失、仓库（含露天堆场）地点或现场加工地点保管损耗、由于材料规格和质量不符合要求而报废的数量；不包括规范、设计文件规定的预留量、搭接量、冗余量。

3. 项目中列出的周转性材料用量是按照不同施工方法、考虑不同工程项目类别、选取不同材料规格综合计算出的摊销量。

4. 对于用量少、低值易耗的零星材料，列为其他材料。按照消耗性材料费用比例计算。

九、关于机械：

1. 施工机械是按照常用机械、合理配备考虑，同时结合施工企业的机械化能力与水平等情况综合确定。

2. 施工机械台班消耗量是按照机械正常施工效率并考虑机械施工适当幅度差综合取定。

3. 原单位价值在 2000 元以内、使用年限在一年以内不构成固定资产的施工机械，不列入机械台班消耗量，其消耗的燃料动力等综合在其他材料费中。

4. 机械台班按每台班 8 小时工作制计算。

十、关于仪器仪表：

1. 仪器仪表是按照正常施工组织、施工技术水平考虑，同时结合市场实际情况综合确定。

2. 仪器仪表台班消耗量是按照仪器仪表正常使用率，并考虑必要的检验检测及适当幅度差综合取定。

3. 原单位价值在 2000 元以内、使用年限在一年以内不构成固定资产的仪器仪表，不列入仪器仪表台班消耗量，其消耗的燃料动力等综合在其他材料费中。

十一、关于水平运输和垂直运输：

1. 水平运输：

（1）水平运输距离是指由施工单位现场仓库或指定堆放地点运至安装地点或垂直运输点的距离。设备水平运距按照 200m、材料（含成品、半成品）水平运距按照 300m 综合取定，执行时不做调整。

（2）项目中未考虑场外运输和场内二次搬运。工程实际发生时应根据有关规定另行计算。

2. 垂直运输：

（1）垂直运输基准面为室外地坪。

（2）垂直运输是按照建筑物层数 6 层以下、建筑高度 20m 以下、地下深度 10m 以内考虑，工程实际超过时，应计算建筑物超高（深）增加费。

十二、关于安装操作高度：

1. 安装操作基准面一般是指室外地坪或室内各层楼地面地坪。

2. 安装操作高度是指安装操作基准面至安装点的垂直高度。除各册另有规定者外，安装操作高度综合取定为 6m 以内。工程实际超过时，应计算安装操作高度增加费。

十三、关于建筑超高（深）增加费：

1. 建筑超高（深）增加费是指在建筑物层数 6 层以上、建筑高度 20m 以上、地下深度 10m 以上的建筑施工时，应计算建筑超高（深）需要增加的安装费。各册另有规定者除外。

2. 建筑超高（深）增加费包括人工降效、使用机械（含仪器仪表、工具用具）降效、延长垂直运输时间等费用。

3. 建筑超高（深）增加费，以单位工程（群体建筑以车间或单栋楼设计为准）全部工程量（含地下、地上部分）为基数，按照系数法计算。系数详见各册说明。

4. 单位工程（群体建筑以车间或单栋楼设计为准）满足建筑高度、建筑物层数、地下深度之一者，均应计算建筑超高（深）增加费。

十四、关于脚手架搭拆：

1. 脚手架搭拆是根据施工组织设计、满足安装需要所采取的安装措施。脚手架搭拆除满足自身安全外，不包括工程项目安全、环保、文明等工作内容。

2. 脚手架搭拆综合考虑了不同的结构形式、材质、规模、占用时间等要素，执行时不做调整。

3. 在同一个单位工程内有若干专业安装时，凡符合脚手架搭拆计算规定者，应分别计算脚手架搭拆费用。

十五、本定额中没有考虑施工与生产同时进行、在有害身体健康（防腐工程、检测项目除外）条件下施工时的降效，工程实际发生时按各册相关规定另行计算。

十六、本定额适用于海拔 2000m 以下地区。

十七、本定额中注有“××以内”或“××以下”者，均包括××本身；注有“××以外”或“××以上”者，则不包括××本身。

十八、凡本说明未尽事宜，详见各册说明。

十九、本定额的解释和日常管理，由陕西省建设工程造价服务中心负责。

目　　录

第五章　智能应急照明及疏散系统

第六章　消防系统调试

附　　录

册 说 明

一、第九册《消防安装工程》适用于工业与民用建筑、消防工程安装项目。包括：水灭火系统、气体灭火系统、泡沫灭火系统、火灾自动报警系统、智能应急照明及疏散系统的安装与调试。

二、本册定额主要依据的规范标准有：

1.《自动喷水灭火系统设计规范》GB 50084—2017；

2.《自动喷水灭火系统施工及验收规范》GB 50261—2017；

3.《固定消防炮灭火系统设计规范》GB 50338—2003；

4.《固定消防炮灭火系统施工与验收规范》GB 50498—2009；

5.《自动消防炮灭火系统技术规程》CECS 245：2008；

6.《火灾自动报警系统设计规范》GB 50116—2013；

7.《火灾自动报警系统施工及验收标准》GB 50166—2019；

8.《气体灭火系统设计规范》GB 50370—2005；

9.《气体灭火系统施工及验收规范》GB 50263—2007；

10.《二氧化碳灭火系统设计规范》GB 50193—93（2010 年版）；

11.《超细干粉灭火系统设计、施工及验收规范》DB37/T 1317—2009；

12.《消防应急照明和疏散指示系统》GB 17945—2024；

13.《消防应急照明和疏散指示系统技术标准》GB 51309—2018；

14.《泡沫灭火系统技术标准》GB 50151—2021；

15.《消防联动控制系统》GB 16806—2006。

三、本册定额除各章另有说明外，均包括下列工作内容：施工准备，设备、材料及工机具场内运输，设备开箱检验，设备对中、找正、固定，与设备本体配套支架、防护罩等附件安装，单体及分系统调试，临时移动水源与电源，配合检查验收等。

四、相关说明：

1. 阀门、气压罐安装，消防水箱、套管、支架制作与安装（注明者除外），应执行第十册《给排水、采暖、燃气安装工程》相应项目。

2. 消防室外埋地管道安装，应执行第十册《给排水、采暖、燃气安装工程》中室外给水管道安装相应项目。

3. 各种消防泵、稳压泵安装，应执行第一册《机械设备安装工程》相应项目。

4. 不锈钢管、铜管及泵间管道安装，应执行第八册《工业管道安装工程》相应项目。

5. 管道防腐蚀、绝热工程，应执行第十二册《防腐蚀、绝热工程》相应项目。

6. 电缆敷设、桥架、配管配线、接线盒、电动机检查接线、防雷接地装置、事故照明及疏散照明指示控制装置等安装，应执行第四册《电气设备与线缆安装工程》相应项目。

7. 各种仪表安装及自动化控制的阀门，水流指示器、压力开关、驱动装置及泄漏报警开关的接线、校线等，应执行第六册《自动化控制仪表安装工程》相应项目。

8. 开槽、凿洞等，应执行第十册《给排水、采暖、燃气安装工程》相应项目。

9. 室内、外管道沟土方及管道基础、井室砌筑等，应执行《陕西省房屋建筑与装饰工程消耗量定额（2025）》相应项目。

10. 抗震支架安装，应执行第十册《给排水、采暖、燃气安装工程》相应项目。

五、下列费用可按系数分别计算：

1. 脚手架搭拆费，应按安装工程人工费的 6%计算。其中：人工费为 40%，材料费为 50%，机械费为 10%。

2. 安装高度超过安装操作基准面 6m 时，安装操作高度增加费，应按照相应安装项目人工费乘以下表规定系数计算。

系数表

安装高度距离安装操作基准面（m）	≤ 10	≤ 30	≤ 50	> 50
系数	0.10	0.30	0.50	0.75

3. 建筑超高、超深增加费，应按照下表规定系数计算。其中：人工费为 36.50%，机械与仪器仪表为 63.50%。

建筑超高、超深增加费

建筑物高度（m 以内）	40	60	80	100	120	140	160	180	200
建筑物层数（层以内）	12	18	24	30	36	42	48	54	60
地下深度（m 以内）	20	30	40	—	—	—	—	—	—
按照人工费计算（%）	3	6	10	16	22	28	34	40	46

注：建筑物层数大于 60 层时，以 60 层为基础，按每增加一层增加 1%计算。

4. 水灭火管道系统调整费，应按安装工程人工费的 10%计算。其中：人工费为 40%，材料费为 10%，机械费为 50%；泡沫灭火系统调整费，应按批准的施工组织设计或施工方案另行计算。

5. 安装与生产同时进行增加的费用，应按安装工程人工费的 6%计算。

6. 在有害身体健康的环境中施工降效增加的费用，应按安装工程人工费的 6%计算。

7. 拆除费用（现场变更等因素需要拆除的项目），应按相应安装项目人工费、机械费的 40%，材料费的 8%计算。

第一章

水灭火系统

说 明

一、本章内容包括：水喷淋管道、消火栓管道、水喷淋（雾）喷头、报警装置、水流指示器、温感式水幕装置、减压孔板、末端试水装置、集热罩、室内外消火栓、消防水泵结合器、灭火器、消防水炮等安装。

二、本章适用于工业和民用建（构）筑物设置的水灭火系统的管道、各种组件、消火栓、气压水罐、消防水炮等安装。

三、界限划分：

1. 室内、外界限以建筑物外墙面 1.5m 为界，入口处设阀门者以阀门为界。

2. 设在高层建筑内的消防泵间管道与本章界限，以泵间外墙壁为界。

3. 室外与市政给水管道以两者碰头点为界，入口处设阀门者以阀门为界。

四、管道安装相关规定：

1. 钢管（法兰连接）安装项目中包括管件及法兰安装，但管件、法兰数量应按设计图示用量另行计算，螺栓按实际用量加 3%损耗计算。

2. 若设计或规范要求钢管需要镀锌，其镀锌及场外运输费用应另行计算。

3. 管道安装（沟槽连接）已包括直接卡箍件安装，其他沟槽管件另行执行相应项目，机械开孔连接管件已综合了机械三通、四通的消耗量，不再分别计取。

4. 消火栓管道采用无缝钢管焊接时，执行碳钢管（焊接）安装项目，项目中已包括管件安装，但管件主材依据设计图示数量，另行计算。

5. 消火栓管道采用钢管（沟槽连接）时，执行水喷淋钢管（沟槽连接）相应项目。

6. 消防管道安装的工作内容中，只包含了一次水压试验的内容，如需要二次水压实验，执行第八册《工业管道安装工程》相应项目。

五、相关说明：

1. 沟槽式法兰、法兰阀门安装，应执行第十册《给排水、采暖、燃气安装工程》相应项目。

2. 报警装置安装项目，项目中已包括装配管、泄放试验管及水力警铃出水管安装，水力警铃进水管按图示尺寸执行管道安装相应项目；其他报警装置适用于雨淋、干湿两用及预作用报警装置。

3. 水流指示器（马鞍型连接）项目，主材中包括胶圈、U 型卡；若设计要求水流指示器采螺纹连接时，应执行第十册《给排水、采暖、燃气安装工程》螺纹阀门安装相应项目。

4. 喷头、报警装置及水流指示器安装项目均按管网系统试压、冲洗合格后安装考虑的，项目中已包括丝堵、临时短管的安装、拆除及摊销。

5. 温感式水幕装置安装项目中已包括给水三通至喷头、阀门间的管道、管件、阀门、喷头等全部安装内容，但管道的主材数量按设计管道中心线长度另加损耗计算；喷头数量按设计数量另加损耗计算。

6. 集热罩安装项目，主材中应包括所配备的成品支架。

7. 带灭火器的落地组合式消防柜安装，执行室内消火栓（明装、暗装）相应项目，灭火器单独执行安装项目。

8. 室外消火栓、消防水泵接合器安装，项目中已包括法兰接管及弯管底座（消火栓三通）的安装。

9. 消防水炮及模拟末端装置项目，项目中仅包括本体安装，不包括型钢底座制作安装和混凝土基础砌筑；型钢底座制作安装，应执行第十册《给排水、采暖、燃气安装工程》设备支架制作安装相应项目；混凝土基础，应执行《陕西省房屋建筑与装饰工程消耗量定额（2025）》相应项目。

10. 设置于管道间、建筑物内的管道竖井、管廊内的管道，其相应安装项目人工乘以系数 1.12。

11. 手提式灭火器已综合考虑了壁挂，在灭火器箱、落地消火栓箱内的安装，不再分别计算。

12. 消防水泵接合器如设计要求用短管时，已包括短管的安装，其本身价值应另行计算。

工程量计算规则

一、管道安装，应区分管道材质、连接方法、规格，按设计图示管道中心线长度，分别以“10m”为计量单位。不扣除阀门、管件及各种组件所占长度。

二、沟槽管件安装，应区分管件规格，分别以“10 个”为计量单位，主材包括卡箍及密封圈按套计算。

三、喷头、水流指示器、减压孔板安装，应区分安装部位、方式、规格，按设计图示数量，分别以“个”为计量单位。

四、集热罩安装，应按设计图示数量，以“套”为计量单位。

五、报警装置、室内消火栓、室外消火栓、消防水泵接合器均按成套产品安装，分别以“组”“套”为计量单位。

六、末端试水装置安装，应区分不同规格，按设计图示数量，分别以“组”为计量单位。

七、温感式水幕装置安装，应区分不同规格，按设计图示数量，分别以“组”为计量单位。

八、灭火器安装，应区分不同形式，按设计图示数量，分别以“具、组”为计量单位。

九、消防水炮安装，应区分不同规格，按设计图示数量，分别分以“台”为计量单位。

一、水喷淋钢管安装

1. 镀锌钢管（螺纹连接）

工作内容： 检查及清扫管材、切管、套丝、调直、管道及管件安装、丝口刷漆、水压试验、水冲洗等。

计量单位：10m

编号				9-1-1	9-1-2	9-1-3	9-1-4
项目				公称直径（mm 以内）			
				25	32	40	50
名称			单位	消耗量			
人工	000203000	综合二类工	工日	1.226	1.412	1.900	1.998
材料	170300002	镀锌钢管（综合）	m	（10.050）	（10.050）	（10.050）	（10.050）
	181609003	镀锌钢管接头管件 *DN*25	个	（5.900）	—	—	—
	181609005	镀锌钢管接头管件 *DN*32	个	—	（6.870）	—	—
	181609007	镀锌钢管接头管件 *DN*40	个	—	—	（8.610）	—
	181609009	镀锌钢管接头管件 *DN*50	个	—	—	—	（8.080）
	012903011	热轧中厚钢板 δ8～20	kg	0.490	0.490	0.490	0.490
	860113006	压力表 0～1.6MPa（带弯带阀）	套	0.020	0.020	0.020	0.020
	031101014	尼龙砂轮片 ϕ500×25×4	片	0.120	0.150	0.260	0.240
	022701003	棉纱头	kg	0.240	0.280	0.280	0.300
	130903004	银粉漆	kg	0.021	0.021	0.027	0.033
	140103002	清油 C01-1	kg	0.020	0.020	0.030	0.035
	140505001	铅油（厚漆）	kg	0.061	0.088	0.160	0.170
	022907003	线麻	kg	0.006	0.009	0.016	0.017
	341101001	水	m^3	0.582	0.582	0.582	0.582
	850103006	其他材料费（占材料费）	%	3.000	3.000	3.000	3.000
机械	990748010	管子切断套丝机 159mm	台班	0.120	0.220	0.300	0.290
	990813010	试压泵 3MPa	台班	0.015	0.015	0.015	0.015

工作内容：检查及清扫管材、切管、套丝、调直、管道及管件安装、丝口刷漆、水压试验、水冲洗等。

计量单位：10m

编号				9-1-5	9-1-6	9-1-7
项目				公称直径（mm 以内）		
				65	80	100
名称			单位	消耗量		
人工	000203000	综合二类工	工日	2.227	2.388	2.416
材料	170300002	镀锌钢管（综合）	m	（9.950）	（9.950）	（9.950）
	181609011	镀锌钢管接头管件 DN65	个	（7.560）	—	—
	181609013	镀锌钢管接头管件 DN80	个	—	（7.410）	—
	181609015	镀锌钢管接头管件 DN100	个	—	—	（5.200）
	012903011	热轧中厚钢板 δ8～20	kg	0.490	0.490	—
	860113006	压力表 0～1.6MPa（带弯带阀）	套	0.020	0.020	0.020
	022701003	棉纱头	kg	0.380	0.420	0.490
	130903004	银粉漆	kg	0.025	0.025	0.025
	031101014	尼龙砂轮片 $\phi500 \times 25 \times 4$	片	0.360	0.400	—
	140103002	清油 C01-1	kg	0.040	0.080	0.120
	140505001	铅油（厚漆）	kg	0.240	0.340	0.350
	022907003	线麻	kg	0.024	0.034	0.035
	341101001	水	m^3	0.882	0.882	0.882
	012903014	热轧中厚钢板 δ12～20	kg	—	—	0.490
	031507018	镀锌铁丝 $\phi2.8$～4.0	kg	—	—	0.080
	140303001	机油（综合）	kg	—	—	0.070
	031101012	尼龙砂轮片 $\phi400$	片	—	—	0.480
	850103006	其他材料费（占材料费）	%	3.000	3.000	3.000
机械	990748010	管子切断套丝机 159mm	台班	0.270	0.320	0.290
	990813010	试压泵 3MPa	台班	0.015	0.015	0.020

2. 钢管（法兰连接）

工作内容： 检查及清扫管材、切管、坡口、对口、调直、焊接法兰、紧螺栓、加垫、管道及管件预安装、拆卸、二次安装，水压试验、水冲洗等。 **计量单位：** 10m

编号				9-1-8	9-1-9	9-1-10	9-1-11
项目				公称直径（mm 以内）			
				100	125	150	200
名称			单位	消耗量			
人工	000203000	综合二类工	工日	5.139	4.871	5.235	6.992
材料	170100002	钢管（综合）	m	（9.950）	（9.950）	（9.950）	（9.950）
	012903014	热轧中厚钢板 δ12～20	kg	0.490	1.476	1.476	1.476
	031301009	低碳钢焊条 J427（综合）	kg	1.650	2.205	2.865	5.940
	020112004	无石棉橡胶板 低压 δ0.8～6	kg	1.368	1.587	1.932	2.277
	341103001	电	kW · h	2.363	2.811	3.285	4.725
	341101001	水	m^3	0.882	2.524	2.524	2.650
	142909001	氧气	m^3	1.110	1.670	2.090	3.470
	142907001	乙炔气	m^3	0.427	0.642	0.804	1.335
	022701003	棉纱头	kg	0.072	0.087	0.104	0.138
	031101012	尼龙砂轮片 φ400	片	0.420	0.680	1.730	2.300
	860113006	压力表 0～1.6MPa（带弯带阀）	套	0.020	0.030	0.030	0.030
	850103006	其他材料费（占材料费）	%	3.000	3.000	3.000	3.000
机械	990900010	电焊机（综合）	台班	0.635	0.848	1.102	2.285
	990813010	试压泵 3MPa	台班	0.020	0.020	0.037	0.037
	990304004	汽车式起重机 8t	台班	—	—	—	0.030
	990401020	载重汽车 5t	台班	—	—	—	0.020
	990503030	电动单筒慢速卷扬机 50kN	台班	—	—	—	0.210

工作内容：检查及清扫管材、切管、坡口、对口、调直、焊接法兰、紧螺栓、加垫、管道及管件预安装、拆卸、二次安装，水压试验、水冲洗等。 计量单位：10m

编号				9-1-12	9-1-13	9-1-14	9-1-15
项目				公称直径（mm 以内）			
				250	300	350	400
名称			单位	消耗量			
人工	000203000	综合二类工	工日	7.633	8.818	9.960	11.310
材料	170100002	钢管（综合）	m	（9.950）	（9.950）	（9.950）	（9.950）
	012903014	热轧中厚钢板 δ12～20	kg	2.324	2.324	2.842	2.842
	031301009	低碳钢焊条 J427（综合）	kg	8.370	9.945	14.835	16.755
	020112004	无石棉橡胶板 低压 δ0.8～6	kg	2.054	2.280	3.094	3.767
	341103001	电	kW · h	6.853	9.868	14.211	20.463
	142909001	氧气	m^3	4.130	4.794	6.558	7.421
	142907001	乙炔气	m^3	1.588	1.844	2.522	2.854
	022701003	棉纱头	kg	0.118	0.204	0.237	0.268
	031101012	尼龙砂轮片 ϕ400	片	2.710	3.030	3.600	3.840
	860113006	压力表 0～1.6MPa（带弯带阀）	套	0.040	0.040	0.040	0.040
	341101001	水	m^3	4.650	4.650	7.950	7.950
	850103006	其他材料费（占材料费）	%	3.000	3.000	3.000	3.000
机械	990304004	汽车式起重机 8t	台班	0.030	0.030	0.040	0.050
	990401020	载重汽车 5t	台班	0.020	0.020	0.030	0.040
	990503030	电动单筒慢速卷扬机 50kN	台班	0.270	0.320	0.390	0.460
	990900010	电焊机（综合）	台班	3.219	3.825	5.706	6.444
	990813010	试压泵 3MPa	台班	0.037	0.080	0.080	0.080

3. 钢管（沟槽连接）

（1）管道（沟槽连接）

工作内容：检查及清扫管材、切管、压槽、对口、调直、涂抹润滑剂、上胶圈、安装卡箍件、紧螺栓、水压试验、水冲洗等。

计量单位：10m

编号				9-1-16	9-1-17	9-1-18	9-1-19
项目				公称直径（mm 以内）			
				65	80	100	125
名称			单位	消耗量			
人工	000203000	综合二类工	工日	1.280	1.411	1.518	1.758
材料	170100002	钢管（综合）	m	（9.990）	（9.990）	（9.990）	（9.990）
	181505002	沟槽直接头（含胶圈）	套	（1.667）	（1.667）	（1.667）	（1.667）
	012903014	热轧中厚钢板 δ12～20	kg	0.490	0.490	0.490	1.476
	860113006	压力表 0～1.6MPa（带弯带阀）	套	0.020	0.020	0.020	0.030
	022701003	棉纱头	kg	0.047	0.056	0.072	0.087
	031101012	尼龙砂轮片 ϕ400	片	0.144	0.156	0.176	0.185
	341101001	水	m^3	0.882	0.882	0.882	2.524
	850103006	其他材料费（占材料费）	%	3.000	3.000	3.000	3.000
机械	990796010	滚槽机	台班	0.052	0.063	0.069	0.087
	990813010	试压泵 3MPa	台班	0.015	0.015	0.020	0.020

工作内容：检查及清扫管材、切管、压槽、对口、调直、涂抹润滑剂、上胶圈、安装卡箍件、紧螺栓、水压试验、水冲洗。

计量单位：10m

编号				9-1-20	9-1-21	9-1-22	9-1-23
项目				公称直径（mm 以内）			
				150	200	250	300
名称			单位	消耗量			
人工	000203000	综合二类工	工日	1.882	2.043	2.516	2.862
材料	170100002	钢管（综合）	m	（9.990）	（9.990）	（9.990）	（9.990）
	181505002	沟槽直接头（含胶圈）	套	（1.667）	（1.667）	（1.667）	（1.667）
	012903014	热轧中厚钢板 δ12～20	kg	1.476	1.476	2.324	2.324
	031507018	镀锌铁丝 ϕ2.8～4.0	kg	—	—	0.080	0.080
	140303001	机油（综合）	kg	—	—	0.081	0.089
	140700001	润滑剂	kg	—	—	0.053	0.058

续前

编号				9-1-20	9-1-21	9-1-22	9-1-23
项目				公称直径（mm 以内）			
				150	200	250	300
名称			单位	消耗量			
材料	860113006	压力表 0～1.6MPa（带弯带阀）	套	0.030	0.030	0.040	0.040
	022701003	棉纱头	kg	0.104	0.134	0.172	0.189
	031101012	尼龙砂轮片 ϕ400	片	0.194	0.221	0.330	0.363
	341101001	水	m^3	2.524	2.650	4.650	4.650
	850103006	其他材料费（占材料费）	%	3.000	3.000	3.000	3.000
机械	990796010	滚槽机	台班	0.104	0.122	0.139	0.139
	990813010	试压泵 3MPa	台班	0.037	0.037	0.060	0.060
	990304004	汽车式起重机 8t	台班	—	0.020	0.030	0.030
	990401020	载重汽车 5t	台班	—	0.010	0.020	0.020

（2）管件（沟槽连接）

工作内容：外观检查、切管、压槽、对口、涂抹润滑剂、上胶圈、安装卡箍件、紧螺栓等。 **计量单位：**10 个

编号				9-1-24	9-1-25	9-1-26	9-1-27	9-1-28	9-1-29
项目				公称直径（mm 以内）					
				65	80	100	125	150	200
名称			单位	消耗量					
人工	000203000	综合二类工	工日	1.296	1.431	1.655	2.493	2.810	3.928
材料	181500002	沟槽管件	套	（10.050）	（10.050）	（10.050）	（10.050）	（10.050）	（10.050）
	140700001	润滑剂	kg	0.080	0.100	0.112	0.115	0.164	0.204
	140303001	机油（综合）	kg	0.023	0.032	0.036	0.045	0.054	0.072
	031101012	尼龙砂轮片 ϕ400	片	0.333	0.357	0.370	0.385	0.400	0.460
	022701003	棉纱头	kg	0.030	0.035	0.039	0.055	0.065	0.084
	850103006	其他材料费（占材料费）	%	3.000	3.000	3.000	3.000	3.000	3.000
机械	990742010	开孔机 200mm	台班	0.047	0.056	0.063	0.078	0.094	0.110
	990796010	滚槽机	台班	0.160	0.192	0.213	0.265	0.320	0.372

工作内容：外观检查、切管、压槽、对口、涂抹润滑剂、上胶圈、安装卡箍件、紧螺栓等。 **计量单位：**10个

编　号				9-1-30	9-1-31
项　目				公称直径（mm 以内）	
				250	300
名　称			单位	消　耗　量	
人工	000203000	综合二类工	工日	5.852	6.222
材料	180300002	钢制管件	个	（10.050）	（10.050）
	140700001	润滑剂	kg	0.264	0.277
	140303001	机油（综合）	kg	0.081	0.085
	031101012	尼龙砂轮片 $\phi400$	片	0.478	0.502
	022701003	棉纱头	kg	0.097	0.102
	850103006	其他材料费（占材料费）	%	3.000	3.000
机械	990796010	滚槽机	台班	0.425	0.447
	990742020	开孔机 400mm	台班	0.125	0.131

二、消火栓钢管安装

1. 镀锌钢管（螺纹连接）

工作内容：检查及清扫管材、切管、套丝、调直、管道及管件安装、丝口刷漆、水压试验、水冲洗等。

计量单位：10m

编　号				9-1-32	9-1-33	9-1-34	9-1-35
项　目				公称直径（mm 以内）			
				50	65	80	100
名　称			单位	消　耗　量			
人工	000203000	综合二类工	工日	1.750	1.821	1.896	2.033
材料	170300002	镀锌钢管（综合）	m	（9.960）	（9.960）	（9.960）	（9.960）
	181609009	镀锌钢管接头管件 *DN*50	个	（6.570）	—	—	—
	181609011	镀锌钢管接头管件 *DN*65	个	—	（5.960）	—	—
	181609013	镀锌钢管接头管件 *DN*80	个	—	—	（4.240）	—
	181609015	镀锌钢管接头管件 *DN*100	个	—	—	—	（3.870）
	140103002	清油 C01-1	kg	0.035	0.040	0.080	0.080
	140505001	铅油（厚漆）	kg	0.140	0.190	0.200	0.260
	022907003	线麻	kg	0.014	0.019	0.020	0.026
	012903014	热轧中厚钢板 $\delta12\sim20$	kg	0.306	0.490	0.490	0.490

续前

编号				9-1-32	9-1-33	9-1-34	9-1-35
项目				公称直径（mm 以内）			
				50	65	80	100
名称			单位	消耗量			
材料	860113006	压力表 0～1.6MPa（带弯带阀）	套	0.020	0.020	0.020	0.020
	022701003	棉纱头	kg	0.038	0.013	0.013	0.013
	031101012	尼龙砂轮片 ϕ400	片	0.108	0.292	0.311	0.325
	341101001	水	m^3	0.582	0.882	0.882	0.882
	850103006	其他材料费（占材料费）	%	3.000	3.000	3.000	3.000
机械	990748010	管子切断套丝机 159mm	台班	0.004	0.222	0.189	0.184
	990813010	试压泵 3MPa	台班	0.015	0.015	0.015	0.020

2. 碳钢管（焊接）

工作内容：检查及清扫管材、坡口、煨弯、对口、调直、管道及管件连接、水压试验、水冲洗等。

计量单位：10m

编号				9-1-36	9-1-37	9-1-38	9-1-39	9-1-40	9-1-41
项目				公称直径（mm 以内）					
				65	80	100	125	150	200
名称			单位	消耗量					
人工	000203000	综合二类工	工日	1.628	1.800	1.863	2.005	2.085	2.454
材料	170500002	碳钢管（综合）	m	（10.360）	（10.360）	（10.360）	（10.360）	（10.360）	（10.360）
	031507018	镀锌铁丝 ϕ2.8～4.0	kg	0.570	0.570	0.570	1.556	1.556	1.556
	012901015	热轧薄钢板 δ3.5～4.0	kg	0.100	0.100	0.100	0.140	0.140	0.140
	031301009	低碳钢焊条 J427（综合）	kg	0.720	0.800	1.100	1.470	1.910	2.230
	860113006	压力表 0～1.6MPa（带弯带阀）	套	0.020	0.020	0.020	0.030	0.030	0.030
	031101012	尼龙砂轮片 ϕ400	片	0.450	0.500	0.860	1.100	1.500	1.900
	341103001	电	kW·h	1.986	2.185	2.557	2.812	3.290	4.771
	341101001	水	m^3	0.882	0.882	0.882	2.524	2.524	2.524
	142909001	氧气	m^3	1.010	1.190	1.476	1.762	2.182	2.602
	142907001	乙炔气	m^3	0.388	0.458	0.568	0.678	0.839	1.001
	022701003	棉纱头	kg	0.047	0.056	0.072	0.087	0.104	0.110
	850103006	其他材料费（占材料费）	%	3.000	3.000	3.000	3.000	3.000	3.000
机械	990900010	电焊机（综合）	台班	0.178	0.177	0.177	0.395	0.395	0.395
	990813010	试压泵 3MPa	台班	0.015	0.015	0.020	0.020	0.020	0.020

三、水喷淋（雾）喷头安装

1. 无　吊　顶

工作内容： 外观检查、管口套丝、管件安装、丝堵拆装、喷头追位及安装、装饰盘安装、喷头外观清洁等。

计量单位：个

编　号				9-1-42	9-1-43	9-1-44
项　目				公称直径（mm 以内）		
				15	20	25
名　称			单位	消　耗　量		
人工	000203000	综合二类工	工日	0.101	0.104	0.105
材料	232100004	喷头	个	（1.010）	（1.010）	（1.010）
	181307001	镀锌丝堵 *DN*15	个	1.000	—	—
	181307002	镀锌丝堵 *DN*20	个	—	1.000	—
	181307003	镀锌丝堵 *DN*25	个	—	—	1.000
	182519014	镀锌异径管箍 *DN*25 × 15	个	1.010	—	—
	182519015	镀锌异径管箍 *DN*25 × 20	个	—	1.010	—
	182519016	镀锌异径管箍 *DN*32 × 25	个	—	—	1.010
	031101012	尼龙砂轮片 ϕ400	片	0.010	0.013	0.015
	340203008	聚四氟乙烯生料带　宽 20	m	0.642	0.642	0.642
	850103006	其他材料费（占材料费）	%	3.000	3.000	3.000
机械	990748010	管子切断套丝机　159mm	台班	0.007	0.007	0.007

2. 有 吊 顶

工作内容：外观检查、管口套丝、管件安装、丝堵拆装、喷头追位及安装、装饰盘安装、喷头外观清洁等。

计量单位：个

编号				9-1-45	9-1-46	9-1-47
项目				公称直径（mm 以内）		
				15	20	25
名称			单位	消耗量		
人工	000203000	综合二类工	工日	0.136	0.139	0.141
材料	232100004	喷头	个	（1.010）	（1.010）	（1.010）
	123507004	喷头装饰盘	个	（1.010）	（1.010）	（1.010）
	181307001	镀锌丝堵 *DN*15	个	1.000	—	—
	181307002	镀锌丝堵 *DN*20	个	—	1.000	—
	181307003	镀锌丝堵 *DN*25	个	—	—	1.000
	182519014	镀锌异径管箍 *DN*25 × 15	个	1.010	—	—
	182519015	镀锌异径管箍 *DN*25 × 20	个	—	1.010	—
	182519016	镀锌异径管箍 *DN*32 × 25	个	—	—	1.010
	181303003	镀锌弯头 *DN*25	个	2.020	2.020	—
	181303004	镀锌弯头 *DN*32	个	—	—	2.020
	031101012	尼龙砂轮片 ϕ400	片	0.010	0.020	0.021
	340203008	聚四氟乙烯生料带 宽 20	m	1.280	1.280	1.280
	850103006	其他材料费（占材料费）	%	3.000	3.000	3.000
机械	990748010	管子切断套丝机 159mm	台班	0.016	0.016	0.016

四、报警装置安装

1. 湿式报警装置

工作内容： 部件外观检查、切管、坡口、组对、法兰安装、紧螺栓、临时短管装拆、整体组装、部件及配管安装、报警阀泄放试验管安装、报警装置调试等。 **计量单位：组**

编号				9-1-48	9-1-49	9-1-50
项目				公称直径（mm 以内）		
				100	150	200
名称			单位	消耗量		
人工	000203000	综合二类工	工日	3.716	4.152	5.138
材料	233511002	湿式报警装置	套	（1.000）	（1.000）	（1.000）
	200007004	沟槽法兰 *PN*1.6 以下	片	（2.000）	（2.000）	（2.000）
	170301004	镀锌钢管 *DN*20	m	2.000	2.000	2.000
	170301010	镀锌钢管 *DN*50	m	2.000	2.000	2.000
	170301016	镀锌钢管 *DN*80	m	2.000	2.000	2.000
	181303002	镀锌弯头 *DN*20	个	2.020	2.020	2.020
	181303006	镀锌弯头 *DN*50	个	2.020	2.020	2.020
	181303007	镀锌弯头 *DN*80	个	2.000	2.000	2.000
	181301007	镀锌三通 *DN*20×15	个	1.000	1.000	1.000
	030105170	镀锌六角螺栓带螺母 M16×80	套	16.480	—	—
	030105176	镀锌六角螺栓带螺母 M20×90	套	—	16.480	—
	030105177	镀锌六角螺栓带螺母 M20×95	套	—	—	24.720
	020112004	无石棉橡胶板 低压 δ0.8～6	kg	0.350	0.550	0.660
	031101012	尼龙砂轮片 ϕ400	片	0.050	0.060	0.070
	140103002	清油 C01-1	kg	0.080	0.120	0.120
	140505001	铅油（厚漆）	kg	0.150	0.280	0.340
	022907003	线麻	kg	0.015	0.028	0.034
	092705001	破布	kg	0.120	0.120	0.120
	341304004	铝牌	个	1.000	1.000	1.000
	850103006	其他材料费（占材料费）	%	3.000	3.000	3.000
机械	990796010	滚槽机	台班	0.030	0.045	0.060
	990748010	管子切断套丝机 159mm	台班	0.034	0.034	0.034

2. 其他报警装置

工作内容： 部件外观检查、切管、坡口、组对、法兰安装、紧螺栓、临时短管装拆、整体组装、部件及配管安装、报警阀泄放试验管安装、报警装置调试等。 **计量单位：组**

编号				9-1-51	9-1-52	9-1-53
项目				公称直径（mm 以内）		
				100	150	200
名称			单位	消耗量		
人工	000203000	综合二类工	工日	4.459	4.980	6.166
材料	233599003	报警装置	套	（1.000）	（1.000）	（1.000）
	200007004	沟槽法兰 *PN*1.6 以下	片	（2.000）	（2.000）	（2.000）
	170301004	镀锌钢管 *DN*20	m	2.000	2.000	2.000
	170301010	镀锌钢管 *DN*50	m	2.000	2.000	2.000
	170301016	镀锌钢管 *DN*80	m	2.000	2.000	2.000
	181303002	镀锌弯头 *DN*20	个	2.020	2.020	2.020
	181303006	镀锌弯头 *DN*50	个	2.020	2.020	2.020
	181303007	镀锌弯头 *DN*80	个	2.000	2.000	2.000
	181301007	镀锌三通 *DN*20 × 15	个	1.000	1.000	1.000
	020112004	无石棉橡胶板 低压 δ0.8～6	kg	0.350	0.550	0.660
	030105170	镀锌六角螺栓带螺母 M16 × 80	套	16.480	—	—
	030105176	镀锌六角螺栓带螺母 M20 × 90	套	—	16.480	—
	030105177	镀锌六角螺栓带螺母 M20 × 95	套	—	—	24.720
	031101012	尼龙砂轮片 ϕ400	片	0.050	0.060	0.070
	140103002	清油 C01-1	kg	0.080	0.120	0.120
	140505001	铅油（厚漆）	kg	0.150	0.280	0.340
	022907003	线麻	kg	0.015	0.028	0.034
	092705001	破布	kg	0.120	0.120	0.120
	341304004	铝牌	个	1.000	1.000	1.000
	850103006	其他材料费（占材料费）	%	3.000	3.000	3.000
机械	990796010	滚槽机	台班	0.030	0.045	0.060
	990748010	管子切断套丝机 159mm	台班	0.034	0.034	0.034

五、水流指示器安装

1. 水流指示器（沟槽法兰连接）

工作内容： 外观检查、功能检测、切管、坡口、法兰安装、紧螺栓、临时短管装拆、安装及调整、试验后复位等。　　　　**计量单位：** 个

编　号				9-1-54	9-1-55	9-1-56	9-1-57	9-1-58
项　目				公称直径（mm 以内）				
				50	80	100	150	200
名　称			单位	消　耗　量				
人工	000203000	综合二类工	工日	0.607	0.793	0.951	1.341	1.776
材料	231300002	水流指示器	个	（1.000）	（1.000）	（1.000）	（1.000）	（1.000）
	200007004	沟槽法兰 *PN*1.6 以下	片	（2.000）	（2.000）	（2.000）	（2.000）	（2.000）
	030105168	镀锌六角螺栓带螺母 M16 × 70	套	8.240	—	—	—	—
	030105169	镀锌六角螺栓带螺母 M16 × 75	套	—	16.480	—	—	—
	030105170	镀锌六角螺栓带螺母 M16 × 80	套	—	—	16.480	—	—
	030105176	镀锌六角螺栓带螺母 M20 × 90	套	—	—	—	16.480	—
	030105177	镀锌六角螺栓带螺母 M20 × 95	套	—	—	—	—	24.720
	020112004	无石棉橡胶板 低压 δ0.8～6	kg	0.140	0.260	0.350	0.550	0.660
	031101012	尼龙砂轮片 ϕ400	片	0.026	0.054	0.057	0.071	0.085
	092705001	破布	kg	0.080	0.080	0.120	0.120	0.120
	140505001	铅油（厚漆）	kg	0.080	0.120	0.150	0.280	0.340
	341304004	铝牌	个	1.000	1.000	1.000	1.000	1.000
	850103006	其他材料费（占材料费）	%	3.000	3.000	3.000	3.000	3.000
机械	990796010	滚槽机	台班	0.020	0.030	0.030	0.045	0.060

2. 水流指示器（马鞍型连接）

工作内容：外观检查、功能检测、开孔、安装、紧螺栓、卡子固定、调整、试验后复位等。 **计量单位：**个

编号				9-1-59	9-1-60	9-1-61	9-1-62	9-1-63
项目				公称直径（mm 以内）				
				50	80	100	150	200
名称			单位	消耗量				
人工	000203000	综合二类工	工日	0.273	0.293	0.307	0.433	0.537
材料	231300002	水流指示器	个	（1.000）	（1.000）	（1.000）	（1.000）	（1.000）
	341304004	铝牌	个	1.000	1.000	1.000	1.000	1.000
	350205002	U 型卡环	副	1.000	1.000	1.000	1.000	1.000
	031101009	尼龙砂轮片 ϕ100	片	0.026	0.054	0.057	0.071	0.085
	850103006	其他材料费（占材料费）	%	3.000	3.000	3.000	3.000	3.000
机械	990742010	开孔机 200mm	台班	0.007	0.009	0.009	0.015	0.020

六、温感式水幕装置安装

工作内容：管件检查、切管、套丝、上零件、管道安装、本体组装、球阀及喷头安装、调试等。

计量单位：组

编号				9-1-64	9-1-65	9-1-66	9-1-67	9-1-68
项目				公称直径（mm 以内）				
				20	25	32	40	50
名称			单位	消耗量				
人工	000203000	综合二类工	工日	0.849	1.298	1.638	2.431	2.921
材料	233599001	ZSPD 型输出控制器	个	（1.000）	（1.000）	（1.000）	（1.000）	（1.000）
	190509001	球阀（带铅封）	个	（1.010）	（1.010）	（1.010）	（1.010）	（1.010）
	232121001	温感雨淋阀	个	（1.000）	（1.000）	（1.000）	（1.000）	（1.000）
	182519007	镀锌管箍 *DN*20	个	1.010	—	—	—	—
	181301002	镀锌三通 *DN*20	个	1.010	—	—	—	—
	181303002	镀锌弯头 *DN*20	个	4.040	—	—	—	—
	181602016	镀锌活接头 *DN*20	个	1.010	—	—	—	—
	181301008	镀锌异径三通 *DN*20×15	个	1.010	—	—	—	—
	181303008	镀锌弯头 *DN*20×15	个	1.010	—	—	—	—
	182519008	镀锌管箍 *DN*25	个	—	1.010	—	—	—

续前

编号				9-1-64	9-1-65	9-1-66	9-1-67	9-1-68
项目				公称直径（mm 以内）				
				20	25	32	40	50
名称			单位	消耗量				
材料	181602017	镀锌活接头 *DN*25	个	—	1.010	—	—	—
	181303003	镀锌弯头 *DN*25	个	—	4.040	—	—	—
	181303009	镀锌弯头 *DN*25 × 15	个	—	1.010	—	—	—
	181301003	镀锌三通 *DN*25	个	—	1.010	—	—	—
	181301009	镀锌异径三通 *DN*25 × 15	个	—	3.030	—	—	—
	182519009	镀锌管箍 *DN*32	个	—	—	1.010	—	—
	181602018	镀锌活接头 *DN*32	个	—	—	1.010	—	—
	181303004	镀锌弯头 *DN*32	个	—	—	8.080	—	—
	181303010	镀锌弯头 *DN*32 × 15	个	—	—	1.010	—	—
	181301004	镀锌三通 *DN*32	个	—	—	1.010	—	—
	181301010	镀锌异径三通 *DN*32 × 15	个	—	—	4.040	—	—
	182519010	镀锌管箍 *DN*40	个	—	—	—	1.010	—
	181602019	镀锌活接头 *DN*40	个	—	—	—	1.010	—
	181303005	镀锌弯头 *DN*40	个	—	—	—	3.030	—
	181303011	镀锌弯头 *DN*40 × 15	个	—	—	—	1.010	—
	181301005	镀锌三通 *DN*40	个	—	—	—	1.010	—
	181301011	镀锌异径三通 *DN*40 × 15	个	—	—	—	5.050	—
	182519011	镀锌管箍 *DN*50	个	—	—	—	—	1.010
	181602020	镀锌活接头 *DN*50	个	—	—	—	—	1.010
	181303006	镀锌弯头 *DN*50	个	—	—	—	—	3.030
	181303012	镀锌弯头 *DN*50 × 15	个	—	—	—	—	1.010
	181301006	镀锌三通 *DN*50	个	—	—	—	—	1.010
	181301012	镀锌异径三通 *DN*50 × 15	个	—	—	—	—	7.070
	031101012	尼龙砂轮片 ϕ400	片	0.132	0.208	0.252	0.315	0.442
	140303001	机油（综合）	kg	0.069	0.086	0.093	0.121	0.161
	340203008	聚四氟乙烯生料带 宽 20	m	3.942	6.200	8.736	9.046	13.568
	022701003	棉纱头	kg	0.045	0.062	0.093	0.124	0.197
	850103006	其他材料费（占材料费）	%	3.000	3.000	3.000	3.000	3.000
机械	990748010	管子切断套丝机 159mm	台班	0.166	0.207	0.353	0.324	0.492

七、减压孔板安装

工作内容：外观检查、切管、坡口、焊法兰、减压孔板预安装、拆除、二次安装等。　　**计量单位：**个

编号				9-1-69	9-1-70	9-1-71	9-1-72	9-1-73
项目				公称直径（mm 以内）				
				50	65	80	100	150
名称			单位	消耗量				
人工	000203000	综合二类工	工日	0.071	0.089	0.100	0.115	0.130
材料	860116006	减压孔板	个	（1.000）	（1.000）	（1.000）	（1.000）	（1.000）
	200001002	平焊法兰（综合）	片	（2.000）	（2.000）	（2.000）	（2.000）	（2.000）
	030105168	镀锌六角螺栓带螺母 M16×70	套	8.240	8.240	—	—	—
	030105169	镀锌六角螺栓带螺母 M16×75	套	—	—	16.480	—	—
	030105170	镀锌六角螺栓带螺母 M16×80	套	—	—	—	16.480	—
	030105176	镀锌六角螺栓带螺母 M20×90	套	—	—	—	—	16.480
	020112004	无石棉橡胶板 低压 δ0.8～6	kg	0.210	0.270	0.390	0.510	0.810
	031301009	低碳钢焊条 J427（综合）	kg	0.133	0.237	0.271	0.363	0.474
	031101009	尼龙砂轮片 ϕ100	片	0.068	0.086	0.100	0.128	0.188
	031101012	尼龙砂轮片 ϕ400	片	0.026	0.038	0.045	0.057	0.071
	092705001	破布	kg	0.080	0.080	0.080	0.120	0.120
	341103001	电	kW·h	0.074	0.115	0.135	0.162	0.215
	140301001	汽油 89#	kg	0.050	0.050	0.080	0.100	0.120
	850103006	其他材料费（占材料费）	%	3.000	3.000	3.000	3.000	3.000
机械	990900010	电焊机（综合）	台班	0.077	0.097	0.112	0.144	0.172

八、末端试水装置安装

工作内容：外观检查、切管、套丝、上零件、整体组装、一次水压试验、放水试验等。　　**计量单位：**组

编　　号				9-1-74	9-1-75
项　　目				公称直径（mm 以内）	
				25	32
名　　称			单位	消　耗　量	
人工	000203000	综合二类工	工日	0.964	1.053
材料	190500003	球阀 *PN*1.6 *DN*25	个	（2.020）	—
	190500005	球阀 *PN*1.6 *DN*32	个	—	（2.020）
	860113009	压力表 0～2.5MPa *ϕ*50（带表弯、表阀）	套	（1.000）	（1.000）
	181600002	接头 *DN*25	个	1.010	—
	181301003	镀锌三通 *DN*25	个	1.010	—
	181600003	接头 *DN*32	个	—	1.010
	181301004	镀锌三通 *DN*32	个	—	1.010
	340203008	聚四氟乙烯生料带 宽 20	m	2.108	2.600
	031101012	尼龙砂轮片 *ϕ*400	片	0.064	0.072
	850103006	其他材料费（占材料费）	%	3.000	3.000
机械	990748010	管子切断套丝机 159mm	台班	0.057	0.089

九、集热罩安装

工作内容：支架安装、整体安装固定等。　　**计量单位：**套

编　　号				9-1-76
项　　目				集热罩
名　　称			单位	消　耗　量
人工	000203000	综合二类工	工日	0.153
材料	224937001	不锈钢集热罩	套	（1.000）
	022701003	棉纱头	kg	0.015
	850103006	其他材料费（占材料费）	%	3.000

十、消火栓安装

1. 室内消火栓（明装）

工作内容：外观检查、切管、套丝、箱体及消火栓安装、附件安装、水压试验等。 **计量单位：**套

编号				9-1-77	9-1-78	9-1-79	9-1-80
项目				普通		自救卷盘	
				公称直径（mm 以内）			
				单栓 65	双栓 65	单栓 65	双栓 65
名称			单位	消耗量			
人工	000203000	综合二类工	工日	0.676	0.862	0.809	1.034
材料	230305002	室内消火栓	套	（1.000）	（1.000）	（1.000）	（1.000）
	030107038	膨胀螺栓 M10×80	套	0.412	0.412	0.412	0.412
	011301003	扁钢 60 以内	kg	0.617	0.700	0.659	0.700
	340203008	聚四氟乙烯生料带 宽 20	m	1.680	2.240	1.680	2.240
	031101012	尼龙砂轮片 ϕ400	片	0.027	0.042	0.027	0.042
	850103006	其他材料费（占材料费）	%	3.000	3.000	3.000	3.000
机械	990748010	管子切断套丝机 159mm	台班	0.013	0.022	0.013	0.022

2. 室内消火栓（暗装）

工作内容：外观检查、切管、套丝、箱体及消火栓安装、附件安装、水压试验等。 **计量单位：**套

编号				9-1-81	9-1-82	9-1-83	9-1-84
项目				普通		自救卷盘	
				公称直径（mm 以内）			
				单栓 65	双栓 65	单栓 65	双栓 65
名称			单位	消耗量			
人工	000203000	综合二类工	工日	0.736	0.939	0.882	1.127
材料	230305002	室内消火栓	套	（1.000）	（1.000）	（1.000）	（1.000）
	030107038	膨胀螺栓 M10×80	套	0.412	0.412	0.412	0.412
	340203008	聚四氟乙烯生料带 宽 20	m	1.680	2.240	1.680	2.240
	031101012	尼龙砂轮片 ϕ400	片	0.027	0.042	0.027	0.042
	050301003	木材（一级红松）	m^3	0.003	0.003	0.003	0.003
	040100003	水泥 32.5	kg	1.450	1.450	1.450	1.450
	850103006	其他材料费（占材料费）	%	3.000	3.000	3.000	3.000
机械	990748010	管子切断套丝机 159mm	台班	0.013	0.022	0.013	0.022

3. 室外地下式消火栓

工作内容：砌支墩、外观检查、管口除沥青、法兰连接、紧螺栓、消火栓安装等。 **计量单位：**套

编号				9-1-85	9-1-86	9-1-87	9-1-88
项目				公称直径（mm）			
				100		150	
				支管安装	干管安装	支管安装	干管安装
名称			单位	消耗量			
人工	000203000	综合二类工	工日	0.513	0.539	0.591	0.622
材料	230303001	地下式消火栓	套	（1.000）	（1.000）	（1.000）	（1.000）
	230307001	消防栓底座 *DN*100（带弯头）	个	（1.000）	—	（1.000）	（2.000）
	180303001	消火栓三通	个	—	（1.000）	—	（1.000）
	200001018	平焊法兰 *PN*1.6 *DN*100	片	2.000	2.000	—	—
	200001020	平焊法兰 *PN*1.6 *DN*150	片	—	—	2.000	2.000
	030105170	镀锌六角螺栓带螺母 M16 × 80	套	16.480	16.480	—	—
	030105176	镀锌六角螺栓带螺母 M20 × 90	套	—	—	16.480	16.480
	341103001	电	kW · h	0.162	0.162	0.215	0.215
	142909001	氧气	m^3	0.103	0.103	0.172	0.172
	142907001	乙炔气	m^3	0.040	0.040	0.066	0.066
	031301009	低碳钢焊条 J427（综合）	kg	0.221	0.290	0.221	0.290
	020112004	无石棉橡胶板 低压 δ0.8～6	kg	0.173	0.276	0.173	0.276
	180111001	黑玛钢堵头 *DN*15	个	1.010	1.010	1.010	1.010
	802101003	混凝土 C20	m^3	0.011	0.027	0.011	0.027
	040503002	卵石	m^3	0.500	0.500	0.500	0.500
	850103006	其他材料费（占材料费）	%	3.000	3.000	3.000	3.000
机械	990900010	电焊机（综合）	台班	0.071	0.110	0.071	0.110

4. 室外地上式消火栓

工作内容：砌支墩、外观检查、管口除沥青、法兰连接、紧螺栓、消火栓安装等。 计量单位：套

编号				9-1-89	9-1-90	9-1-91	9-1-92
项目				公称直径（mm）			
				100		150	
				支管安装	干管安装	支管安装	干管安装
名称			单位	消耗量			
人工	000203000	综合二类工	工日	0.807	0.934	1.106	1.228
材料	230301001	地上式消火栓	套	（1.000）	（1.000）	（1.000）	（1.000）
	230307001	消防栓底座 *DN*100（带弯头）	个	（1.000）	—	（1.000）	—
	180303001	消火栓三通	个	—	（1.000）	—	（1.000）
	200001018	平焊法兰 *PN*1.6 *DN*100	片	2.000	2.000	—	—
	200001020	平焊法兰 *PN*1.6 *DN*150	片	—	—	2.000	2.000
	030105170	镀锌六角螺栓带螺母 M16×80	套	16.480	16.480	—	—
	030105176	镀锌六角螺栓带螺母 M20×90	套	—	—	16.480	16.480
	341103001	电	kW·h	0.162	0.162	0.215	0.215
	142909001	氧气	m^3	0.103	0.103	0.172	0.172
	031301009	低碳钢焊条 J427（综合）	kg	0.221	0.221	0.290	0.290
	142907002	乙炔气	kg	0.040	0.040	0.066	0.066
	020112004	无石棉橡胶板 低压 δ0.8～6	kg	0.173	0.173	0.280	0.280
	022701003	棉纱头	kg	0.013	0.013	0.016	0.016
	180111001	黑玛钢堵头 *DN*15	个	1.010	1.010	1.010	1.010
	802101003	混凝土 C20	m^3	0.011	0.042	0.011	0.042
	040503002	卵石	m^3	0.500	0.500	0.500	0.500
	850103006	其他材料费（占材料费）	%	3.000	3.000	3.000	3.000
机械	990900010	电焊机（综合）	台班	0.071	0.071	0.110	0.110

十一、消防水泵接合器安装

工作内容：砌支墩、外观检查、切管、法兰连接、紧螺栓、整体安装、充水试验等。　　**计量单位：**套

编号				9-1-93	9-1-94	9-1-95	9-1-96	9-1-97	9-1-98
项目				地下式		墙壁式		地上式	
				*DN*100	*DN*150	*DN*100	*DN*150	*DN*100	*DN*150
名称			单位	消耗量					
人工	000203000	综合二类工	工日	1.049	1.267	1.403	1.755	1.406	1.634
材料	230500002	消防水泵接合器	套	（1.000）	（1.000）	（1.000）	（1.000）	（1.000）	（1.000）
	190103006	螺纹截止阀 J11T-16 *DN*25	个	1.010	1.010	1.010	1.010	1.010	1.010
	170301006	镀锌钢管 *DN*25	m	0.400	0.400	0.200	0.200	0.200	0.200
	200001018	平焊法兰 *PN*1.6 *DN*100	片	2.000	—	2.000	—	2.000	—
	200001020	平焊法兰 *PN*1.6 *DN*150	片	—	2.000	—	2.000	—	2.000
	030105170	镀锌六角螺栓带螺母 M16×80	套	16.480	—	16.480	—	16.480	—
	030105176	镀锌六角螺栓带螺母 M20×90	套	—	16.480	—	16.480	—	16.480
	341103001	电	kW·h	0.162	0.215	0.162	0.215	0.162	0.215
	031301009	低碳钢焊条 J427（综合）	kg	0.221	0.290	0.221	0.290	0.221	0.290
	030107005	膨胀螺栓 M16×100～160	套	—	—	4.120	4.120	—	—
	020112004	无石棉橡胶板 低压 δ0.8～6	kg	0.520	0.830	0.680	1.100	0.680	1.100
	031101012	尼龙砂轮片 ϕ400	片	0.057	0.071	0.057	0.071	0.057	0.071
	802101003	混凝土 C20	m^3	0.054	0.054	0.024	0.024	0.030	0.030
	850103006	其他材料费（占材料费）	%	3.000	3.000	3.000	3.000	3.000	3.000
机械	990900010	电焊机（综合）	台班	0.071	0.110	0.071	0.110	0.071	0.110

十二、灭火器安装

工作内容：外观检查、压力表检查、灭火器及箱体搬运、就位等。 **计量单位：**见表

编号				9-1-99	9-1-100
项目				手提式	推车式
单位				具	组
名称			单位	消耗量	
人工	000203000	综合二类工	工日	0.012	0.040
材料	230100002	灭火器	个	（1.000）	—
	230123002	推车式灭火器	组	—	（1.000）
	022701003	棉纱头	kg	0.006	0.006
	850103006	其他材料费（占材料费）	%	3.000	3.000
机械	990422010	手动液压叉车	台班	0.001	—

十三、电控式消防水炮安装

工作内容：外观检查、切管、压槽、法兰连接、水炮安装、本体调试等。 **计量单位：**台

编号				9-1-101	9-1-102	9-1-103	9-1-104
项目				进口口径（mm 以内）			模拟末端试水装置
				50	80	100	50
名称			单位	消耗量			
人工	000203000	综合二类工	工日	0.823	1.045	1.323	0.575
材料	231907001	消防水炮	套	（1.000）	（1.000）	（1.000）	—
	200007004	沟槽法兰 *PN*1.6 以下	片	（2.000）	（2.000）	（2.000）	（2.000）
	234509001	模拟末端试水装置	套	—	—	—	（1.000）
	030105168	镀锌六角螺栓带螺母 M16 × 70	套	8.240	—	—	8.240
	030105169	镀锌六角螺栓带螺母 M16 × 75	套	—	16.480	—	—
	030105170	镀锌六角螺栓带螺母 M16 × 80	套	—	—	16.480	—

续前

编　号				9-1-101	9-1-102	9-1-103	9-1-104
项　目				进口口径（mm 以内）			模拟末端试水装置
				50	80	100	50
名　称			单位	消　耗　量			
材料	031101012	尼龙砂轮片 ϕ400	片	0.040	0.040	0.040	0.040
	020112004	无石棉橡胶板 低压 δ0.8～6	kg	0.260	0.350	0.460	0.140
	850103006	其他材料费（占材料费）	%	3.000	3.000	3.000	3.000
机械	990509010	单速电动葫芦 2t	台班	0.050	0.050	0.050	0.050
	990796010	滚槽机	台班	0.025	0.030	0.030	0.025

十四、补 充 项 目

1. 管道（沟槽连接）

工作内容：检查及清扫管材、切管、压槽、对口、调直、涂抹润滑剂、上胶圈、安装卡箍件、紧螺栓、水压试验、水冲洗。

计量单位：10m

编　号				9-1-105
项　目				公称直径（mm 以内）
				350
名　称			单位	消　耗　量
人工	000203000	综合二类工	工日	2.834
材料	170100002	钢管（综合）	m	（9.900）
	181505002	沟槽直接头（含胶圈）	套	（1.667）
	012903014	热轧中厚钢板 δ12～20	kg	2.092
	341101001	水	m^3	7.950
	140700001	润滑剂	kg	0.063
	860113005	压力表 0～1.6MPa	块	0.040
	031101014	尼龙砂轮片 ϕ500×25×4	片	0.399
机械	990796010	滚槽机	台班	0.139
	990304004	汽车式起重机 8t	台班	0.030
	990401020	载重汽车 5t	台班	0.020
	990813010	试压泵 3MPa	台班	0.060

2. 管件（沟槽连接）

工作内容： 外观检查、切管、压槽、对口、涂抹润滑剂、上胶圈、安装卡箍件、紧螺栓等。 **计量单位：** 10个

编　号				9-1-106
项　目				公称直径（mm 以内）
				350
名　称			单位	消　耗　量
人工	000203000	综合二类工	工日	4.969
材料	180300002	钢制管件	个	（10.050）
	140700001	润滑剂	kg	0.290
	031101012	尼龙砂轮片 ϕ400	片	0.527
机械	990742020	开孔机 400mm	台班	0.137
	990796010	滚槽机	台班	0.470

3. 水喷淋（雾）喷头

工作内容： 外观检查、管口套丝、管件安装、丝堵拆装、喷头追位及安装、装饰盘安装、喷头外观清洁等。 **计量单位：** 个

编　号				9-1-107	9-1-108
项　目				无吊顶	有吊顶
				公称直径（mm 以内）	
				32	
名　称			单位	消　耗　量	
人工	000203000	综合二类工	工日	0.080	0.108
材料	232100002	喷头	套	（1.010）	（1.010）
	123507004	喷头装饰盘	个	—	（1.000）
	182519009	镀锌管箍 *DN*32	个	1.010	1.010
	181307004	镀锌丝堵 *DN*32	个	1.000	1.000
	181303004	镀锌弯头 *DN*32	个	—	2.020
	340203008	聚四氟乙烯生料带 宽 20	m	0.942	1.580
	031101012	尼龙砂轮片 ϕ400	片	0.017	0.027
机械	990748010	管子切断套丝机 159mm	台班	0.007	0.016

第二章

气体灭火系统

说　明

一、本章内容包括：无缝钢管、气体驱动装置管道、选择阀、气体喷头、贮存装置、独立式悬挂超细干粉灭火装置、无管网气体灭火装置、管网系统试验、称重检漏装置等安装工程。

二、本章适用于工业和民用建筑中设置的七氟丙烷、IG541、二氧化碳灭火系统中的管道、管件、系统装置及组件等的安装。

三、本章安装项目中的无缝钢管、钢制管件、选择阀安装及系统组件试验等适用于七氟丙烷、IG541灭火系统；高压二氧化碳灭火系统执行本章相应项目，人工、机械乘以系数1.20。

四、管道及管件安装：

1. 中压加厚无缝钢管（法兰连接）包括管件及法兰安装，但管件、法兰数量应按实际用量另外计算主材费，螺栓按实际用量加3%损耗计算。

2. 若设计或规范要求钢管、钢制管件内外镀锌，其镀锌及场外运输费用另行计算。

3. 气动驱动装置管道安装项目包括卡套连接件的安装，其本身价值按设计图示用量另行计算。

五、相关说明：

1. 气体灭火系统管道若采用不锈钢管、铜管时，管道及管件安装，应执行第八册《工业管道安装工程》相应项目。

2. 贮存装置安装项目中包括灭火剂贮存容器和驱动气瓶的安装固定、支框架、系统组件（集流管，容器阀，气、液单向阀，高压软管）、安全阀等贮存装置和阀驱动装置的安装及氮气增压。二氧化碳贮存装置安装如不需增压，应扣除项目中的高纯氮气，其余不变。称重装置价格含在贮存装置设备价格中。

3. 二氧化碳称重检漏装置包括泄漏报警开关、配重及支架安装。

4. 管网系统包括管道、选择阀、气、液单向阀和高压软管等组件。管网系统试验工作内容包括充氮气，但氮气应按实际用量另行计算。

5. 气体灭火系统调试，应执行本册第六章相应项目。

6. 各种阀门安装，应执行第八册《工业管道安装工程》相应项目；阀驱动装置与泄露报警开关的电气接线，应执行第六册《自动化控制仪表安装工程》相应项目。

工程量计算规则

一、管道安装，应区分管道连接方法、规格，按设计图示管道中心线长度，分别以“10m”为计量单位。不扣除阀门、管件及各种组件所占长度。

二、钢制管件连接，应区分管件规格，按设计图示数量，分别以“10 个”为计量单位。

三、气体驱动装置管道安装，应按设计图示管道中心线长度，分别以“10m”为计量单位。

四、选择阀、喷头安装，应区分规格、连接方式，按设计图示数量，分别以“个”为计量单位。

五、贮存装置、独立悬挂式超细干粉灭火装置、无管网气体灭火装置安装，按设计图示数量，分别以“套”为计量单位。

六、管网系统试验，应按设计图示贮存装置数量，以“套”为计量单位。

七、称重检漏装置安装，应按设计图示数量，以“套”为计量单位。

一、无缝钢管及管件安装

1. 中压加厚无缝钢管（螺纹连接）

工作内容：检查及清扫管材、切管、套丝、调直、管道预安装、拆卸、二次安装、吹扫、水压试验等。

计量单位：10m

编号				9-2-1	9-2-2	9-2-3	9-2-4
项目				公称直径（mm 以内）			
				15	20	25	32
名称			单位	消耗量			
人工	000203000	综合二类工	工日	0.838	0.876	0.913	1.025
材料	170203002	加厚无缝钢管	m	（10.100）	（10.100）	（10.050）	（10.050）
	022701003	棉纱头	kg	0.200	0.200	0.240	0.280
	143303002	酒精 工业用 99.5%	kg	0.020	0.020	0.020	0.020
	031101012	尼龙砂轮片 ϕ400	片	0.100	0.100	0.120	0.150
	144135021	厌氧胶 $325^{\#}$ 200g	瓶	0.100	0.100	0.120	0.120
	140505001	铅油（厚漆）	kg	0.050	0.060	0.061	0.088
	022907003	线麻	kg	0.005	0.006	0.006	0.009
	341101001	水	m^3	0.582	0.582	0.582	0.582
	850103006	其他材料费（占材料费）	%	3.000	3.000	3.000	3.000
机械	991003040	电动空气压缩机 $3m^3/min$	台班	0.002	0.003	0.003	0.005
	990748010	管子切断套丝机 159mm	台班	0.010	0.110	0.120	0.180
	990813030	试压泵 25MPa	台班	0.005	0.005	0.007	0.007

工作内容：检查及清扫管材、切管、套丝、调直、管道预安装、拆卸、二次安装、吹扫、水压试验等。 计量单位：10m

编 号				9-2-5	9-2-6	9-2-7	9-2-8
项 目				公称直径（mm 以内）			
				40	50	65	80
名 称			单位	消 耗 量			
人工	000203000	综合二类工	工日	1.085	1.137	1.415	1.573
材料	170203002	加厚无缝钢管	m	（10.050）	（10.050）	（9.950）	（9.950）
	022701003	棉纱头	kg	0.280	0.300	0.380	0.420
	143303002	酒精 工业用 99.5%	kg	0.020	0.030	0.030	0.030
	031101012	尼龙砂轮片 ϕ400	片	0.260	0.240	0.360	0.400
	144135021	厌氧胶 325# 200g	瓶	0.150	0.150	0.190	0.240
	140505001	铅油（厚漆）	kg	0.160	0.170	0.240	0.340
	022907003	线麻	kg	0.016	0.017	0.024	0.034
	341101001	水	m^3	0.582	0.582	0.882	0.882
	850103006	其他材料费（占材料费）	%	3.000	3.000	3.000	3.000
机械	991003040	电动空气压缩机 $3m^3/min$	台班	0.006	0.007	0.008	0.009
	990748010	管子切断套丝机 159mm	台班	0.190	0.190	0.210	0.210
	990813030	试压泵 25MPa	台班	0.008	0.008	0.010	0.010

2. 钢制管件（螺纹连接）

工作内容：检查及清扫管件、管件预安装、拆卸、油清洗、二次安装等。 计量单位：10 个

编 号				9-2-9	9-2-10	9-2-11	9-2-12
项 目				公称直径（mm 以内）			
				15	20	25	32
名 称			单位	消 耗 量			
人工	000203000	综合二类工	工日	1.005	1.229	1.545	2.104
材料	180300002	钢制管件	个	（10.100）	（10.100）	（10.100）	（10.100）
	022701003	棉纱头	kg	0.300	0.300	0.300	0.350
	143303002	酒精 工业用 99.5%	kg	0.100	0.100	0.100	0.120
	144135021	厌氧胶 325# 200g	瓶	0.600	0.600	0.720	0.720
	140301001	汽油 89#	kg	0.200	0.200	0.250	0.280
	850103006	其他材料费（占材料费）	%	3.000	3.000	3.000	3.000

工作内容：检查及清扫管件、管件预安装、拆卸、油清洗、二次安装等。　　**计量单位：**10 个

编号				9-2-13	9-2-14	9-2-15	9-2-16
项目				公称直径（mm 以内）			
				40	50	65	80
名称			单位	消耗量			
人工	000203000	综合二类工	工日	2.421	2.860	3.240	3.464
材料	180300002	钢制管件	个	（10.100）	（10.100）	（10.100）	（10.100）
	022701003	棉纱头	kg	0.350	0.400	0.400	0.500
	143303002	酒精 工业用 99.5%	kg	0.120	0.150	0.150	0.200
	144135021	厌氧胶 325# 200g	瓶	0.890	0.890	1.160	1.420
	140301001	汽油 89#	kg	0.370	0.470	0.520	0.650
	850103006	其他材料费（占材料费）	%	3.000	3.000	3.000	3.000

3. 中压加厚无缝钢管（法兰连接）

工作内容：检查及清扫管材、切管、坡口、对口、调直、焊接法兰、管道及管件预安装、拆卸、二次安装、吹扫、水压试验等。　　**计量单位：**10m

编号				9-2-17	9-2-18	9-2-19
项目				公称直径（mm 以内）		
				100	125	150
名称			单位	消耗量		
人工	000203000	综合二类工	工日	7.814	8.355	8.884
材料	170203002	加厚无缝钢管	m	（10.000）	（10.000）	（10.000）
	031301009	低碳钢焊条 J427（综合）	kg	6.560	9.540	12.520
	341103001	电	kW · h	3.370	4.662	5.985
	341101001	水	m^3	0.882	2.524	2.524
	142909001	氧气	m^3	2.305	2.805	3.282
	142907001	乙炔气	m^3	0.886	1.079	1.079
	022701003	棉纱头	kg	0.410	0.420	0.420
	031101012	尼龙砂轮片 $\phi400$	片	1.860	2.130	2.390
	020112004	无石棉橡胶板 低压 $\delta0.8\sim6$	kg	1.368	1.587	1.932
	012901015	热轧薄钢板 $\delta3.5\sim4.0$	kg	0.490	1.476	2.324
	850103006	其他材料费（占材料费）	%	3.000	3.000	3.000
机械	991003090	电动空气压缩机 $40m^3/min$	台班	0.100	0.100	0.100
	990900010	电焊机（综合）	台班	2.860	2.930	2.990
	990813030	试压泵 25MPa	台班	0.010	0.150	0.200
	991003040	电动空气压缩机 $3m^3/min$	台班	0.010	0.010	0.015

二、气体驱动装置管道安装

工作内容：外观检查、切管、煨管、安装、固定、调整等。 计量单位：10m

编号				9-2-20	9-2-21
项目				管外径（mm 以内）	
				10	14
名称			单位	消耗量	
人工	000203000	综合二类工	工日	0.819	0.983
材料	171501003	紫铜管（综合）	m	（10.300）	（10.300）
	290635001	铜锁母 10#	个	2.821	—
	290635002	铜锁母 14#	个	—	3.250
	352302001	开孔器 20	个	0.020	0.020
	022701003	棉纱头	kg	0.050	0.050
	030107032	膨胀螺栓 M8×60	套	17.170	17.170
	850103006	其他材料费（占材料费）	%	3.000	3.000
机械	990747010	管子切断机 60mm	台班	0.100	0.100

三、选择阀安装

1. 选择阀（螺纹连接）

工作内容：外观检查、管口套丝、活接头及阀门安装等。 计量单位：个

编号				9-2-22	9-2-23	9-2-24	9-2-25	9-2-26	9-2-27
项目				公称直径（mm 以内）					
				25	32	40	50	65	80
名称			单位	消耗量					
人工	000203000	综合二类工	工日	0.260	0.276	0.409	0.465	0.552	0.701
材料	232501002	选择阀	个	（1.000）	（1.000）	（1.000）	（1.000）	（1.000）	（1.000）
	181601001	钢制活接头 *DN*25	个	1.010	—	—	—	—	—
	181601002	钢制活接头 *DN*32	个	—	1.010	—	—	—	—
	181601003	钢制活接头 *DN*40	个	—	—	1.010	—	—	—
	181601004	钢制活接头 *DN*50	个	—	—	—	1.010	—	—

续前

编　号				9-2-22	9-2-23	9-2-24	9-2-25	9-2-26	9-2-27
项　目				公称直径（mm 以内）					
				25	32	40	50	65	80
名　称			单位	消　耗　量					
材料	181601005	钢制活接头 *DN*70	个	—	—	—	—	1.010	—
	181601006	钢制活接头 *DN*80	个	—	—	—	—	—	1.010
	022701003	棉纱头	kg	0.045	0.053	0.053	0.060	0.060	0.075
	031101012	尼龙砂轮片 ϕ400	片	0.019	0.022	0.025	0.031	0.046	0.054
	144135021	厌氧胶 325# 200g	瓶	0.110	0.110	0.130	0.130	0.170	0.210
	140301001	汽油 89#	kg	0.038	0.042	0.056	0.071	0.078	0.098
	341304004	铝牌	个	1.000	1.000	1.000	1.000	1.000	1.000
	850103006	其他材料费（占材料费）	%	3.000	3.000	3.000	3.000	3.000	3.000
机械	990748010	管子切断套丝机 159mm	台班	0.037	0.054	0.058	0.058	0.062	0.062

2. 选择阀（法兰连接）

工作内容：外观检查、切管、坡口、对口、法兰及阀门安装等。　　**计量单位：**个

编　号				9-2-28
项　目				公称直径（mm 以内）
				100
名　称			单位	消　耗　量
人工	000203000	综合二类工	工日	0.976
材料	232501002	选择阀	个	（1.000）
	200000001	法兰（综合）	片	2.000
	030105170	镀锌六角螺栓带螺母 M16 × 80	套	16.480
	031301009	低碳钢焊条 J427（综合）	kg	0.286
	341103001	电	kW · h	0.163
	142909001	氧气	m^3	0.720
	142907001	乙炔气	m^3	0.277
	022701003	棉纱头	kg	0.045
	031101020	金刚石砂轮片 ϕ400	片	0.019
	020112002	无石棉橡胶板 δ3～6	kg	0.346
	341304004	铝牌	个	1.000
	850103006	其他材料费（占材料费）	%	3.000
机械	990900010	电焊机（综合）	台班	0.071
	990718040	普通车床 630 × 2000mm	台班	0.070

四、气体喷头安装

工作内容：外观检查、管口套丝、管件安装、丝堵拆装、喷头追位及安装、装饰盘安装、喷头外观清洁等。

计量单位：个

编号				9-2-29	9-2-30	9-2-31	9-2-32	9-2-33	9-2-34
项目				公称直径（mm 以内）					
				15	20	25	32	40	50
名称			单位	消耗量					
人工	000203000	综合二类工	工日	0.186	0.205	0.235	0.260	0.280	0.295
材料	232123004	气体喷头	个	（1.010）	（1.010）	（1.010）	（1.010）	（1.010）	（1.010）
	180300002	钢制管件	个	（2.020）	（2.020）	（2.020）	（2.020）	（2.020）	（2.020）
	123507004	喷头装饰盘	个	（1.010）	（1.010）	（1.010）	（1.010）	—	—
	123507002	装饰盘	个	—	—	—	—	（1.010）	（1.010）
	180315002	钢制丝堵 *DN*15	个	0.200	—	—	—	—	—
	180315003	钢制丝堵 *DN*20	个	—	0.200	—	—	—	—
	180315004	钢制丝堵 *DN*25	个	—	—	0.200	—	—	—
	180315005	钢制丝堵 *DN*32	个	—	—	—	0.200	—	—
	180315006	钢制丝堵 *DN*40	个	—	—	—	—	0.200	—
	180315007	钢制丝堵 *DN*50	个	—	—	—	—	—	0.200
	022701003	棉纱头	kg	0.030	0.030	0.030	0.030	0.030	0.030
	031101020	金刚石砂轮片 ϕ400	片	0.010	0.012	0.016	0.018	0.019	0.021
	143303002	酒精 工业用 99.5%	kg	0.010	0.010	0.010	0.010	0.010	0.010
	144135021	厌氧胶 325# 200g	瓶	0.060	0.060	0.072	0.075	0.080	0.085
	340203008	聚四氟乙烯生料带 宽 20	m	0.138	0.170	0.214	0.235	0.250	0.260
	850103006	其他材料费（占材料费）	%	3.000	3.000	3.000	3.000	3.000	3.000
机械	991003090	电动空气压缩机 40m³/min	台班	0.010	0.010	0.010	0.010	0.010	0.010
	990748010	管子切断套丝机 159mm	台班	0.031	0.033	0.037	0.038	0.039	0.040

五、贮存装置安装

1. 贮 存 容 器

工作内容： 外观检查、称重、支框架安装、系统组件安装、阀驱动装置、高压软管安装、氮气增压等。

计量单位： 套

编　号				9-2-35	9-2-36	9-2-37	9-2-38	9-2-39
项　目				容积（L 以内）				
				40	70	90	155	270
名　称			单位	消　耗　量				
人工	000203000	综合二类工	工日	4.685	6.734	7.758	11.956	19.127
材料	234503001	贮存装置	套	（1.000）	（1.000）	（1.000）	（1.000）	（1.000）
	352903001	台秤	个	0.010	0.010	0.010	0.010	0.010
	144135021	厌氧胶 325# 200g	瓶	0.240	0.240	0.240	0.400	0.800
	142913004	高纯氮气 40L	瓶	1.000	1.500	2.000	3.000	4.000
	192700001	减压阀 100	个	0.020	0.020	0.020	0.020	0.020
	860113013	压力表 25MPa（带弯带阀）	块	0.040	0.040	0.040	0.040	0.040
	341304002	标志牌	个	1.000	1.000	1.000	1.000	1.000
	030107041	膨胀螺栓 M12×85	10 套	0.412	0.412	0.412	0.412	0.412
	030105186	镀锌六角螺栓带螺母 2 平垫 1 弹垫 M16×80	10 套	0.206	0.206	0.206	0.206	0.206
	850103006	其他材料费（占材料费）	%	3.000	3.000	3.000	3.000	3.000
机械	991003090	电动空气压缩机 40m^3/min	台班	0.800	1.000	1.200	1.500	1.800
	990422010	手动液压叉车	台班	0.500	0.500	0.500	0.500	0.500

2. 阀驱动装置

工作内容：外观检查、称重、支框架安装、系统组件安装、阀驱动装置、高压软管安装、氮气增压等。

计量单位：套

编号				9-2-40
项目				容积（L 以内）
				4
名称			单位	消耗量
人工	000203000	综合二类工	工日	2.309
材料	234503001	贮存装置	套	（1.000）
	352903001	台秤	个	0.010
	144135021	厌氧胶 325# 200g	瓶	0.160
	142913004	高纯氮气 40L	瓶	0.250
	192700001	减压阀 100	个	0.020
	860113013	压力表 25MPa（带弯带阀）	块	0.040
	030107041	膨胀螺栓 M12×85	10 套	0.412
	030105186	镀锌六角螺栓带螺母 2 平垫 1 弹垫 M16×80	10 套	0.206
	341304002	标志牌	个	1.000
	850103006	其他材料费（占材料费）	%	3.000
机械	991003090	电动空气压缩机 $40m^3/min$	台班	0.500

六、独立式悬挂超细干粉灭火装置安装

工作内容：场内运输、外观检查、压力检查、加工底盘、安装、试验等。

计量单位：套

编号				9-2-41	9-2-42
项目				容积（kg）以下	
				5	10
名称			单位	消耗量	
人工	000203000	综合二类工	工日	0.524	0.619
材料	230103001	悬挂式超细干粉灭火装置	个	（1.000）	（1.000）
	012903008	热轧中厚钢板 δ4.5～7	kg	1.570	1.890
	030107034	膨胀螺栓 M8×80	套	4.000	—

续前

编号				9-2-41	9-2-42
项目				容积（kg）以下	
				5	10
名称			单位	消耗量	
材料	030107038	膨胀螺栓 M10×80	套	—	4.000
	030105219	U 型螺栓 M10×50	套	1.000	1.000
	030105212	双头螺栓带螺母 M16×50	套	1.000	1.000
	031301007	低碳钢焊条（综合）	kg	0.280	0.280
	031519017	合金钢钻头（综合）	个	0.100	0.100
机械	990900010	电焊机（综合）	台班	0.063	0.063
	990727010	立式钻床 25mm	台班	0.050	0.050
	990743010	等离子切割机 400A	台班	0.075	0.085

七、无管网气体灭火装置安装

工作内容：外观检查、气体瓶柜安装、系统组件安装、阀驱动装置安装等。 **计量单位：**套

编号				9-2-43	9-2-44	9-2-45	9-2-46	9-2-47
项目				贮存容器容积（L 以内）				
				40	70	90	150	240
名称			单位	消耗量				
人工	000203000	综合二类工	工日	1.549	3.353	5.066	5.587	9.312
材料	233505001	无管网气体灭火装置	套	（1.000）	（1.000）	（1.000）	（1.000）	（1.000）
	144135021	厌氧胶 325# 200g	瓶	0.160	0.240	0.240	0.240	0.400
	030107041	膨胀螺栓 M12×85	10 套	0.412	0.412	0.412	0.412	0.412
	030105186	镀锌六角螺栓带螺母 2 平垫 1 弹垫 M16×80	10 套	0.206	0.206	0.206	0.206	0.206
	341304004	铝牌	个	1.000	1.000	1.000	1.000	1.000
	850103006	其他材料费（占材料费）	%	3.000	3.000	3.000	3.000	3.000
机械	990422010	手动液压叉车	台班	0.500	0.500	0.500	0.500	0.500

八、管网系统试验

工作内容：准备工具和材料、安装拆除临时管线、充氮气、停压检查、泄压、清理及烘干、封口等。

计量单位：套

编号				9-2-48
项目				气压试验
名称			单位	消耗量
人工	000203000	综合二类工	工日	0.205
材料	020905001	塑料布	m^2	0.120
	192700001	减压阀 100	个	0.020
	031301009	低碳钢焊条 J427（综合）	kg	0.165
	142909001	氧气	m^3	0.141
	142907001	乙炔气	m^3	0.054
	012903023	热轧中厚钢板 $\delta 20$	kg	0.200
	170201002	无缝钢管 $D22\times2.5$	m	0.010
	860113014	压力表 25MPa（带弯带阀）YBS-WS	套	0.040
	850103006	其他材料费（占材料费）	%	3.000
机械	991003030	电动空气压缩机 $1m^3/min$	台班	0.600
	990900010	电焊机（综合）	台班	0.030

九、补充项目

1. 称重检漏装置安装

工作内容：开箱检查、组合装配、安装、固定、试动调整。

计量单位：套

编号				9-2-49
项目				称重检漏装置
名称			单位	消耗量
人工	000203000	综合二类工	工日	1.018
材料	233109001	称重检漏装置安装	套	（1.000）
	030105005	半圆头镀锌螺栓 M6～12×22～80	10套	0.412
	030105181	镀锌六角螺栓带螺母 2平垫 1弹垫 M10×50以内	10套	0.412
	092705001	破布	kg	0.100
	341304004	铝牌	个	1.000

第三章

泡沫灭火系统

说 明

一、本章内容包括：泡沫发生器、泡沫比例混合器等安装工程。

二、相关说明：

1. 本章适用于高、中、低倍数固定式或半固定式泡沫灭火系统的发生器及泡沫比例混合器安装。

2. 泡沫发生器及泡沫比例混合器安装中包括整体安装、焊法兰、单体调试及配合管道试压时隔离本体所消耗的人工和材料。

三、本章不包括以下工作内容：

1. 设备安装工作内容中不包括支架的制作、安装和二次灌浆的工作内容。支架制作安装，应执行第三册《静置设备与工艺金属结构制作安装工程》，二次灌浆，应执行第一册《机械设备安装工程》，地脚螺栓按随设备本体配套考虑。

2. 泡沫灭火系统中的管道、管件、法兰、阀门、管道支架的制作安装及管网系统强度试验、严密性试验及冲（吹）洗，应执行第八册《工业管道安装工程》相应项目。

3. 泡沫发生器、泡沫比例混合器安装项目中不包括泡沫液充装，充装按设计要求另行计算。

4. 泡沫灭火系统调试，应按批准的施工方案另行计算。

工程量计算规则

泡沫发生器、泡沫比例混合器安装，应区分不同型号，按设计图示数量，分别以“台”为计量单位。

一、泡沫发生器安装

工作内容：开箱检查、整体吊装、安装固定、法兰连接、紧螺栓、调试等。 **计量单位：**台

编号				9-3-1	9-3-2	9-3-3	9-3-4	9-3-5
项目				水轮机式			电动机式	
				型号				
				PFS3	PFS4	PFS10	PF20	BGP-200
名称			单位	消耗量				
人工	000203000	综合二类工	工日	1.928	2.208	4.899	8.902	2.860
材料	231101001	泡沫发生器	台	（1.000）	（1.000）	（1.000）	（1.000）	（1.000）
	200001002	平焊法兰（综合）	片	（1.000）	（1.000）	（1.000）	（1.000）	（1.000）
	030105183	镀锌六角螺栓带螺母 2 平垫 1 弹垫 M16×100 以内	10 套	0.824	0.824	0.824	0.824	0.824
	341103001	电	kW·h	0.165	0.165	0.660	0.990	1.485
	142909001	氧气	m^3	0.150	0.150	0.360	0.420	0.150
	142907001	乙炔气	m^3	0.058	0.058	0.138	0.162	0.058
	370915002	钢板垫板	kg	—	—	9.440	14.160	—
	022701003	棉纱头	kg	0.050	0.100	0.300	0.500	0.200
	031301009	低碳钢焊条 J427（综合）	kg	0.221	0.221	0.720	1.160	0.221
	020112002	无石棉橡胶板 $\delta 3\sim6$	kg	0.340	0.340	0.340	0.340	0.340
	031101009	尼龙砂轮片 $\phi100$	片	0.066	0.066	0.066	0.066	0.066
	202100001	盲板	kg	0.361	0.361	0.361	0.361	0.361
	850103006	其他材料费（占材料费）	%	3.000	3.000	3.000	3.000	3.000
机械	990503020	电动单筒慢速卷扬机 30kN	台班	—	—	0.250	0.370	—
	990401015	载重汽车 4t	台班	—	—	0.090	0.100	—
	990900010	电焊机（综合）	台班	0.088	0.088	0.338	0.559	0.088
	990422010	手动液压叉车	台班	0.500	0.500	0.500	0.500	0.500

二、泡沫比例混合器安装

1. 压力储罐式泡沫比例混合器

工作内容：开箱检查、整体吊装、找平、找正、安装固定、法兰连接、调试等。 计量单位：台

编号				9-3-6	9-3-7	9-3-8	9-3-9
项目				型号			
				PHY32/30	PHY48/55	PHY64/76	PHY72/110
名称			单位	消耗量			
人工	000203000	综合二类工	工日	10.086	12.377	14.574	17.507
材料	231103001	压力储罐式泡沫比例混合器	台	（1.000）	（1.000）	（1.000）	（1.000）
	200001002	平焊法兰（综合）	片	（2.000）	（2.000）	（2.000）	（2.000）
	030105184	镀锌六角螺栓带螺母 2 平垫 1 弹垫 M16×150 以内	10 套	1.648	1.648	1.648	1.648
	341103001	电	kW·h	0.825	0.990	1.155	1.485
	142909001	氧气	m^3	0.472	0.622	0.682	1.705
	142907001	乙炔气	m^3	0.182	0.239	0.262	0.656
	050105001	道木（综合）	m^3	0.040	0.050	0.070	0.100
	022701003	棉纱头	kg	0.080	0.120	0.120	0.120
	031301009	低碳钢焊条 J427（综合）	kg	1.158	1.554	1.672	2.334
	020112002	无石棉橡胶板 δ3～6	kg	0.132	0.194	0.194	0.328
	031101009	尼龙砂轮片 ϕ100	片	11.800	14.160	20.640	23.880
	202100001	盲板	kg	0.361	0.612	0.612	0.875
	370915002	钢板垫板	kg	11.800	14.160	20.640	23.880
	850103006	其他材料费（占材料费）	%	3.000	3.000	3.000	3.000
机械	990502020	电动双筒快速卷扬机 30kN	台班	0.370	0.480	0.480	0.670
	990401015	载重汽车 4t	台班	0.100	0.100	0.100	0.100
	990900010	电焊机（综合）	台班	0.532	0.658	0.718	0.900
	990422010	手动液压叉车	台班	0.500	0.500	0.500	0.500

2. 平衡压力式泡沫比例混合器

工作内容： 开箱检查、整体吊装、找平、找正、安装固定、法兰连接、调试等。　　**计量单位：** 台

编号				9-3-10	9-3-11	9-3-12
项目				型号		
				PHP20	PHP40	PHP80
名称			单位	消耗量		
人工	000203000	综合二类工	工日	2.599	3.148	4.247
材料	231103002	平衡压力式泡沫比例混合器	台	（1.000）	（1.000）	（1.000）
	200001002	平焊法兰（综合）	片	（3.000）	（3.000）	（3.000）
	030105184	镀锌六角螺栓带螺母 2 平垫 1 弹垫 M16×150 以内	10 套	2.472	2.472	2.472
	341103001	电	kW·h	1.650	1.980	2.457
	142909001	氧气	m^3	0.348	0.551	0.733
	142907001	乙炔气	m^3	0.134	0.212	0.282
	022701003	棉纱头	kg	0.150	0.150	0.200
	031301009	低碳钢焊条 J427（综合）	kg	2.250	2.960	3.231
	020112002	无石棉橡胶板 $\delta3\sim6$	kg	0.725	1.150	1.379
	031101009	尼龙砂轮片 $\phi100$	片	0.183	0.275	0.425
	202100001	盲板	kg	0.361	0.612	0.875
	370915002	钢板垫板	kg	—	—	0.175
	850103006	其他材料费（占材料费）	%	3.000	3.000	3.000
机械	990900010	电焊机（综合）	台班	0.532	0.658	0.718
	990502020	电动双筒快速卷扬机 30kN	台班	—	—	0.480

3. 环泵负压式泡沫比例混合器

工作内容：开箱检查、找平、找正、安装固定、法兰连接、调试等。 计量单位：台

编号				9-3-13	9-3-14	9-3-15
项目				型号		
				PH32	PH48	PH64
名称			单位	消耗量		
人工	000203000	综合二类工	工日	1.360	1.556	1.657
材料	231103003	环泵负压式泡沫比例混合器	台	（1.000）	（1.000）	（1.000）
	200001002	平焊法兰（综合）	片	（3.000）	（3.000）	（3.000）
	030105184	镀锌六角螺栓带螺母 2 平垫 1 弹垫 M16×150 以内	10 套	2.472	2.472	2.472
	341103001	电	kW·h	0.330	0.413	0.495
	142909001	氧气	m^3	0.161	0.179	0.295
	142907001	乙炔气	m^3	0.062	0.069	0.113
	022701003	棉纱头	kg	0.100	0.100	0.150
	031301009	低碳钢焊条 J427（综合）	kg	0.259	0.316	0.331
	020112002	无石棉橡胶板 δ3～6	kg	0.442	0.662	0.823
	031101009	尼龙砂轮片 ϕ100	片	0.113	0.137	0.183
	031101012	尼龙砂轮片 ϕ400	片	0.500	0.500	0.500
	202100001	盲板	kg	0.253	0.297	0.361
	850103006	其他材料费（占材料费）	%	3.000	3.000	3.000
机械	990900010	电焊机（综合）	台班	0.532	0.658	0.718

4. 管线式负压泡沫比例混合器

工作内容： 开箱检查、找平、找正、安装固定、调试等。　　**计量单位：** 台

编　　号				9-3-16
项　　目				型号
				PHF
名　　称			单位	消　耗　量
人工	000203000	综合二类工	工日	0.530
材料	231103004	管线式负压泡沫比例混合器	台	（1.000）
	142909001	氧气	m^3	0.050
	142907001	乙炔气	m^3	0.019
	022701003	棉纱头	kg	0.100
	370915002	钢板垫板	kg	1.320
	850103006	其他材料费（占材料费）	%	3.000

第四章

火灾自动报警系统

说　明

一、本章内容包括：点型探测器、线型探测器、按钮、消防警铃\声光报警器、空气采样型探测器、消防报警电话插孔（电话）、消防广播（扬声器）、消防专用模块（模块箱）、区域报警控制箱、联动控制箱、远程控制箱（柜）、火灾报警系统控制主机、联动控制主机、消防广播及电话主机（柜）、火灾报警控制微机、备用电源及电池主机柜、报警联动控制一体机、防火门门磁开关、电动闭门器、电磁释放器、总线隔离器、多线制手动控制盘（柜）、总线制控制盘、空气采样感烟探测器的安装工程。

二、本章适用于工业和民用建（构）筑物设置的火灾自动报警系统的安装。

三、本章安装项目中均包括以下工作内容：

1. 设备和箱、机及元件的搬运、开箱检查、清点、杂物回收、安装就位、接地、密封，箱、机内的校线、接线、压接端头（挂锡）、编码、测试、清洗、记录整理等。

2. 本体调试。

四、相关说明：

1. 安装项目中箱、机是以成套装置编制的；柜式及琴台式均执行落地式安装相应项目，不含基础安装。

2. 闪灯执行声光报警器项目。

3. 电气火灾监控系统：

（1）报警控制器按点数，执行火灾自动报警控制器安装相应项目。

（2）探测器模块按输入回路数量，执行多输入模块安装相应项目。

（3）剩余电流互感器安装，执行相应电气安装相应项目。

（4）温度传感器安装，执行线性探测器安装项目。

4. 火灾报警控制微机安装项目中不包括消防系统应用软件开发内容。

工程量计算规则

一、点型探测器安装，不分规格、型号、安装方式与位置，应按设计图示数量，分别以“个”为计量单位。探测器安装包括了探头和底座的安装及本体调试。

二、红外线探测器安装，应按设计图示数量，以“对”为计量单位。红外线探测器是成对使用的，在计算时一对为 2 只。

三、线型探测器安装，应区分探测器长度、信号转换装置、报警终端电阻，按设计图示数量，分别以“m”“台”“个”为计量单位。项目中未包括探测器连接的模块和终端，其工程量应按相应项目另行计算。

四、按钮安装，应区分火灾报警按钮、消火栓报警按钮，按设计图示数量，分别以“个”为计量单位。

五、报警装置应区分消防警铃、声光报警器，按设计图示数量，分别以“个”为计量单位。

六、空气采样管安装，应按设计图示长度，以“m”为计量单位。

七、极早期空气采样报警器安装，应区分探测回路数，按设计图示数量，分别以“台”为计量单位。

八、消防报警电话安装，应区分电话分机、电话插孔安装，按设计图示数量，分别以“个”为计量单位。

九、消防广播安装，应区分扬声器、音量调声器，按设计图示数量，分别以“个”为计量单位。

十、消防模块安装，应区分输入、输出形式，按设计图示数量，分别以“个”为计量单位。

十一、模块箱安装，应区分模块个数的不同，按设计图示数量，分别以“台”为计量单位。

十二、端子箱安装，应按设计图示数量，以“台”为计量单位。

十三、区域报警控制箱、联动控制箱、火灾报警系统控制主机、联动控制主机、报警联动一体机安装，应区分安装方式及控制点数的不同，按设计图示数量，分别以“台”为计量单位。

十四、远程控制箱安装，应区分不同回路数，按设计图示数量，分别以“台”为计量单位。

十五、重复显示器安装，应按设计图示数量，以“台”为计量单位。

十六、消防广播控制柜、广播功率放大器、广播录放盘、矩阵及广播分配器安装，应按设计图示数量，分别以“台”为计量单位。

十七、消防电话主机安装，应区分不同回路数，分别以“台”为计量单位。

十八、火灾报警控制微机安装，应按设计图示数量，以“台”为计量单位。

十九、备用电源及电池主机柜安装、应按设计图示数量，以“台”为计量单位。

二十、防火门门磁开关、电动闭门器、电磁门吸、电磁释放器安装，应按设计图示数量，分别以“套”“个”“台”为计量单位。

二十一、智能电源箱安装，应按设计图示数量，以“台”为计量单位。

二十二、总线隔离器安装，应按设计图示数量，以“个”为计量单位。

二十三、多线手动控制盘（柜）安装，应区分回路数的不同，按设计图示数量，分别以“台”为计量单位。

二十四、总线制控制盘安装，应按设计图示数量，以“台”为计量单位。

二十五、备用电源安装，应按设计图示数量，以“台”为计量单位。

二十六、空气采样感烟探测器安装，应按设计图示数量，以“台”为计量单位。

一、点型探测器安装

工作内容： 底座安装、校线、接头、压接冷压端头、底座压线、编码、探头安装、测试、防护罩安拆等。

计量单位： 见表

编号				9-4-1	9-4-2	9-4-3	9-4-4	9-4-5
项目				感烟	感温	红外光束	火焰	可燃气体
单位				个		对	个	
名称			单位	消耗量				
人工	000203000	综合二类工	工日	0.244	0.244	2.442	0.814	0.244
材料	233301001	感烟探测器	个	（1.000）	—	—	—	—
	233303001	感温探测器	个	—	（1.000）	—	—	—
	233311001	红外光束探测器	对	—	—	（1.000）	—	—
	233305001	火焰探测器	个	—	—	—	（1.000）	—
	233307001	可燃气体探测器	个	—	—	—	—	（1.000）
	142915001	丙烷	kg	—	—	—	—	1.000
	022703002	白布	m	0.040	0.040	0.040	0.040	0.040
	291711007	铜接线卡 1.0～2.5	个	2.030	2.030	4.060	2.030	2.030
	341103001	电	kW · h	—	0.040	—	—	—
	031305002	焊锡	kg	0.040	0.040	0.040	0.040	0.040
	031305003	焊锡膏	kg	0.010	0.010	0.010	0.010	0.010
	140301001	汽油 89#	kg	0.030	0.030	0.030	0.030	—
	280317013	阻燃铜芯塑料绝缘绞型电线 ZR-RVS $2 \times 1.5\text{mm}^2$	m	0.153	0.153	1.120	0.153	0.153
	030103031	镀锌螺钉 M2～5 × 4～50	个	2.040	2.040	4.080	2.040	2.040
	031519003	冲击钻头 ϕ6～8	个	0.020	0.020	0.100	0.020	0.020
	170400001	镀铬钢管 D10	m	—	—	0.412	0.824	—
	012927009	镀铬钢板 δ2.5	m^2	—	—	0.021	0.010	—
	850103006	其他材料费（占材料费）	%	3.000	3.000	3.000	3.000	3.000
机械	870613023	手持式万用表	台班	0.010	0.010	0.010	0.010	0.010
	874614162	火灾探测器试验器	台班	0.030	0.030	0.700	0.090	—

二、线型探测器安装

工作内容：安装、校线、接头、压接冷压端头、线型探测器敷设、编码、测试等。 **计量单位：**见表

编 号				9-4-6	9-4-7	9-4-8
项 目				线型探测器	线性探测器 信号转换装置	报警终端电阻
单 位				m	台	个
名 称			单位	消 耗 量		
人工	000203000	综合二类工	工日	0.147	0.886	0.010
材料	233309002	线型探测器	m	（1.320）	—	—
	233309003	线性探测器信号转换装置	台	—	（1.000）	—
	234121002	报警终端电阻	个	—	—	（1.050）
	341304002	标志牌	个	0.006	0.006	—
	291711007	铜接线卡 1.0～2.5	个	1.575	1.575	—
	021301005	尼龙扎带 $L=100$～150	个	1.838	1.838	—
	280317013	阻燃铜芯塑料绝缘绞型电线 ZR-RVS $2\times1.5mm^2$	m	0.153	0.153	—
	341103001	电	kW·h	0.040	0.040	0.040
	030103055	木螺钉 $d4.5$～6×15～100	10 个	—	2.040	—
	172500029	塑料胀管 $\phi6$～8	个	—	2.100	—
	850103006	其他材料费（占材料费）	%	3.000	3.000	3.000
机械	870613023	手持式万用表	台班	0.010	0.010	0.010

三、按 钮 安 装

工作内容：底座安装、校线、接头、压接冷压端头、底座压线、编码、安装、测试等。 **计量单位：**个

编 号				9-4-9	9-4-10
项 目				火灾报警按钮	消火栓报警按钮
名 称			单位	消 耗 量	
人工	000203000	综合二类工	工日	0.399	0.497
材料	234101001	火灾报警按钮	个	（1.000）	—
	234101002	消火栓报警按钮	个	—	（1.000）
	030103031	镀锌螺钉 M2～5×4～50	个	2.040	2.040
	022703002	白布	m	0.050	0.050
	031305002	焊锡	kg	0.050	0.050
	031305003	焊锡膏	kg	0.020	0.020
	031519003	冲击钻头 ϕ6～8	个	0.060	0.060
	140301001	汽油 89#	kg	0.030	0.030
	291711007	铜接线卡 1.0～2.5	个	5.075	6.000
	021913001	塑料胀塞	个	1.700	1.700
	172500036	异型塑料管 ϕ2.5～5	m	0.130	0.130
	280317013	阻燃铜芯塑料绝缘绞型电线 ZR-RVS 2×1.5mm^2	m	0.153	0.153
	850103006	其他材料费（占材料费）	%	3.000	3.000
机械	870613023	手持式万用表	台班	0.010	0.010

四、消防警铃、声光报警器安装

工作内容：底座安装、校线、接头、压接冷压端头、底座压线、编码、安装、测试等。　　**计量单位：**个

编号				9-4-11	9-4-12
项目				消防警铃	声光报警器
名称			单位	消耗量	
人工	000203000	综合二类工	工日	0.398	0.403
材料	234109001	消防警铃	个	（1.000）	—
	234107001	声光报警器	个	—	（1.000）
	173113003	塑料异型管 $\phi5$	m	0.053	0.053
	022701003	棉纱头	kg	0.010	0.010
	030103055	木螺钉 $d4.5\sim6\times15\sim100$	10个	0.204	0.306
	031519003	冲击钻头 $\phi6\sim8$	个	0.050	0.050
	172500029	塑料胀管 $\phi6\sim8$	个	2.100	3.150
	341304002	标志牌	个	1.000	1.000
	291711007	铜接线卡 1.0～2.5	个	2.030	2.030
	280317013	阻燃铜芯塑料绝缘绞型电线 ZR-RVS $2\times1.5mm^2$	m	0.153	0.153
	850103006	其他材料费（占材料费）	%	3.000	3.000
机械	870613023	手持式万用表	台班	0.010	—

五、空气采样型报警器安装

1. 空气采样管制作安装

工作内容：采样管制作安装等。　　**计量单位：**m

编号				9-4-13
项目				空气采样管
名称			单位	消耗量
人工	000203000	综合二类工	工日	0.155
材料	173119002	空气采样管	m	（1.050）

续前

编　号				9-4-13
项　目				空气采样管
名　称			单位	消　耗　量
材料	030103055	木螺钉 $d4.5 \sim 6 \times 15 \sim 100$	10 个	2.040
	290645050	塑料管卡子 20mm	个	1.050
	031519003	冲击钻头 $\phi6 \sim 8$	个	0.060
	172500029	塑料胀管 $\phi6 \sim 8$	个	2.100
	850103006	其他材料费（占材料费）	%	3.000
机械	870613023	手持式万用表	台班	0.010

2. 极早期空气采样报警器

工作内容：本体安装、校线、压线、接地、调试等。　　**计量单位：**台

编　号				9-4-14	9-4-15	9-4-16	9-4-17
项　目				路（以内）			
				2	6	8	16
名　称			单位	消　耗　量			
人工	000203000	综合二类工	工日	5.376	8.962	11.087	14.172
材料	233509001	极早期空气采样报警器 2 路	台	（1.000）	—	—	—
	233509002	极早期空气采样报警器 6 路	台	—	（1.000）	—	—
	233509003	极早期空气采样报警器 8 路	台	—	—	（1.000）	—
	233509004	极早期空气采样报警器 16 路	台	—	—	—	（1.000）
	341304002	标志牌	个	1.000	1.000	1.000	1.000
	021301005	尼龙扎带 $L = 100 \sim 150$	个	—	18.000	20.000	25.000
	280317013	阻燃铜芯塑料绝缘绞型电线 ZR-RVS $2 \times 1.5mm^2$	m	0.153	0.153	0.153	0.153
	031519003	冲击钻头 $\phi6 \sim 8$	个	0.060	0.060	0.060	0.060
	172500029	塑料胀管 $\phi6 \sim 8$	个	1.700	1.700	1.700	1.700
	850103006	其他材料费（占材料费）	%	3.000	3.000	3.000	3.000
机械	870613023	手持式万用表	台班	0.010	0.010	0.010	0.010
	874614162	火灾探测器试验器	台班	0.030	0.030	0.030	0.030

六、消防报警电话分机、电话插孔安装

工作内容：校线、接头、压接冷压端头、压线、安装、测试等。　　**计量单位**：个

编　号				9-4-18	9-4-19
项　目				电话分机	电话插孔
名　称			单位	消耗量	
人工	000203000	综合二类工	工日	0.144	0.078
材料	234313001	电话分机	个	（1.000）	—
	234315001	电话插孔	个	—	（1.000）
	022703002	白布	m	—	0.020
	031305002	焊锡	kg	—	0.020
	031305003	焊锡膏	kg	—	0.010
	140301001	汽油 89#	kg	—	0.010
	022701003	棉纱头	kg	0.010	0.010
	291711007	铜接线卡 1.0～2.5	个	2.030	2.030
	030103034	镀锌木螺钉 *d*2～5×4～50	10个	0.204	—
	031519003	冲击钻头 *ϕ*6～8	个	0.070	0.060
	172500029	塑料胀管 *ϕ*6～8	个	2.100	1.700
	280317013	阻燃铜芯塑料绝缘绞型电线 ZR-RVS 2×1.5mm²	m	0.153	0.153
	030103031	镀锌螺钉 M2～5×4～50	个	—	2.040
	850103006	其他材料费（占材料费）	%	3.000	3.000
机械	870613023	手持式万用表	台班	0.010	0.010

七、消防广播（扬声器）安装

1. 扬　声　器

工作内容：校线、接头、压接冷压端头、安装、测试等。　　**计量单位：**个

编　　号				9-4-20	9-4-21
项　　目				3W-5W	
				吸顶式	壁挂式
名　　称			单位	消　耗　量	
人工	000203000	综合二类工	工日	0.254	0.195
材料	234307001	扬声器 吸顶式（3W-5W）	个	（1.000）	—
	234307002	扬声器 壁挂式（3W-5W）	个	—	（1.000）
	022703002	白布	m	0.020	0.020
	291711007	铜接线卡 1.0～2.5	个	2.030	2.030
	173113003	塑料异型管 $\phi5$	m	0.053	0.053
	280317013	阻燃铜芯塑料绝缘绞型电线 ZR-RVS 2×1.5mm^2	m	0.153	0.153
	022701003	棉纱头	kg	0.010	0.010
	140301001	汽油 89#	kg	0.020	0.020
	031305002	焊锡	kg	0.020	0.020
	031305003	焊锡膏	kg	0.010	0.010
	172500029	塑料胀管 $\phi6$～8	个	—	2.100
	031519003	冲击钻头 $\phi6$～8	个	—	0.070
	030103053	木螺钉 $d2$～4×6～65	10个	—	0.204
	850103006	其他材料费（占材料费）	%	3.000	3.000
机械	870613023	手持式万用表	台班	0.010	0.010

2. 音量调节器

工作内容：校线、接头、压接冷压端头、安装、测试等。 计量单位：个

编号				9-4-22
项目				音量调节器
名称			单位	消耗量
人工	000203000	综合二类工	工日	0.063
材料	261900001	音量调节器	个	（1.000）
	291711007	铜接线卡 1.0～2.5	个	3.045
	030103031	镀锌螺钉 M2～5×4～50	个	2.040
	173113003	塑料异型管 $\phi5$	m	0.053
	280317012	阻燃铜芯塑料绝缘电线 ZR-BV-1.5mm^2	m	0.458
	022701003	棉纱头	kg	0.006
	850103006	其他材料费（占材料费）	%	3.000
机械	870613023	手持式万用表	台班	0.010

八、消防专用模块（模块箱）安装

1. 消防专用模块

工作内容：校线、接头、压接冷压端头、排线、绑扎、导线标识、安装、编码、本体调试等。 计量单位：个

编号				9-4-23	9-4-24	9-4-25	9-4-26	9-4-27	9-4-28
项目				单输入	多输入	单输出	多输出	单输入单输出	多输入多输出
名称			单位	消耗量					
人工	000203000	综合二类工	工日	0.976	1.095	1.032	1.368	1.152	1.488
材料	233901001	模块 单输入	个	（1.000）	—	—	—	—	—
	233901002	模块 多输入	个	—	（1.000）	—	—	—	—

续前

编号				9-4-23	9-4-24	9-4-25	9-4-26	9-4-27	9-4-28
项目				单输入	多输入	单输出	多输出	单输入单输出	多输入多输出
名称			单位	消耗量					
材料	233901003	模块 单输出	个	—	—	（1.000）	—	—	—
	233901004	模块 多输出	个	—	—	—	（1.000）	—	—
	233901005	模块 单输入单输出	个	—	—	—	—	（1.000）	—
	233901006	模块 多输入多输出	个	—	—	—	—	—	（1.000）
	022703002	白布	m	0.050	0.110	0.050	0.110	0.050	0.110
	172500029	塑料胀管 ϕ6～8	个	0.800	0.800	0.800	0.800	0.800	0.800
	031305002	焊锡	kg	0.060	0.120	0.060	0.120	0.060	0.120
	031305003	焊锡膏	kg	0.020	0.030	0.020	0.030	0.020	0.030
	140301001	汽油 89#	kg	0.080	0.150	0.080	0.150	0.080	0.150
	022701003	棉纱头	kg	0.010	0.010	0.010	0.010	0.010	0.010
	031519003	冲击钻头 ϕ6～8	个	0.030	0.030	0.030	0.030	0.030	0.030
	172500035	异型塑料管 ϕ5	m	0.150	0.300	0.150	0.300	0.150	0.300
	030103031	镀锌螺钉 M2～5×4～50	个	2.040	2.040	2.040	2.040	2.040	2.040
	291711007	铜接线卡 1.0～2.5	个	4.060	6.090	6.090	8.120	8.120	12.180
	341304002	标志牌	个	1.000	1.000	1.000	1.000	1.000	1.000
	291711005	尼龙线卡	个	4.000	8.000	4.000	8.000	4.000	8.000
	280317013	阻燃铜芯塑料绝缘绞型电线 ZR-RVS 2×1.5mm^2	m	0.305	0.611	0.305	0.611	0.305	0.611
	021301005	尼龙扎带 $L=100～150$	个	2.000	4.000	2.000	4.000	2.000	4.000
	850103006	其他材料费（占材料费）	%	3.000	3.000	3.000	3.000	3.000	3.000
机械	870613023	手持式万用表	台班	0.200	0.400	0.200	0.400	0.200	0.400

2. 消防专用模块箱

工作内容：开箱、检查、箱体安装、接地、涮锡、端子板安装、校线、接线、补漆等。　　**计量单位：**台

编号				9-4-29	9-4-30	9-4-31	9-4-32
项目				模块（个以内）			
				4	8	16	24
名称			单位	消耗量			
人工	000203000	综合二类工	工日	0.303	0.307	0.310	0.314
材料	233901007	模块箱（模块-个）以内 4	台	（1.000）	—	—	—
	233901008	模块箱（模块-个）以内 8	台	—	（1.000）	—	—
	233901009	模块箱（模块-个）以内 16	台	—	—	（1.000）	—
	233901010	模块箱（模块-个）以内 24	台	—	—	—	（1.000）
	290906001	接线端子排	节	16.000	32.000	64.000	96.000
	284309001	接地编织铜线	m	0.500	0.500	0.500	0.500
	031519003	冲击钻头 ϕ6～8	个	0.030	0.030	0.030	0.030
	021913001	塑料胀塞	个	0.800	0.800	0.800	0.800
	290901004	铜端子 6mm^2	个	2.030	2.030	2.030	2.030
	011303001	镀锌扁钢（综合）	kg	0.630	0.630	0.630	0.630
	031301009	低碳钢焊条 J427（综合）	kg	0.045	0.045	0.045	0.045
	130115001	调和漆	kg	0.045	0.045	0.045	0.045
	130505001	防锈漆	kg	0.027	0.027	0.027	0.027
	031305002	焊锡	kg	0.020	0.020	0.020	0.020
	031305003	焊锡膏	kg	0.006	0.006	0.006	0.006
	850103006	其他材料费（占材料费）	%	3.000	3.000	3.000	3.000
机械	990900010	电焊机（综合）	台班	0.150	0.150	0.150	0.150

3. 端 子 箱

工作内容：开箱、检查、箱体安装、接地、涮锡、端子板安装、校线、接线、补漆等。 **计量单位：**台

编号				9-4-33
项目				端子箱
名称			单位	消耗量
人工	000203000	综合二类工	工日	0.636
材料	550905001	端子箱	台	（1.000）
	290906001	接线端子排	节	30.000
	284309001	接地编织铜线	m	0.500
	290901004	铜端子 6mm²	个	2.030
	011303001	镀锌扁钢（综合）	kg	0.630
	031301009	低碳钢焊条 J427（综合）	kg	0.045
	130115001	调和漆	kg	0.030
	130505001	防锈漆	kg	0.015
	031305002	焊锡	kg	0.020
	031305003	焊锡膏	kg	0.006
	031519003	冲击钻头 ϕ6～8	个	0.030
	021913001	塑料胀塞	个	0.800
	850103006	其他材料费（占材料费）	%	3.000
机械	990900010	电焊机（综合）	台班	0.150

九、区域报警控制箱安装

1. 报警控制箱壁挂式

工作内容：外观检查、校线、绝缘电阻摇测、接头挂锡或压接冷压端头、排线、绑扎、导线标识、安装、本体调试、接地等。 **计量单位：**台

编号				9-4-34	9-4-35	9-4-36	9-4-37
项目				壁挂（点以内）			
				64	128	256	500
名称			单位	消耗量			
人工	000203000	综合二类工	工日	5.714	7.655	13.144	21.840

续前

编号				9-4-34	9-4-35	9-4-36	9-4-37
项目				壁挂（点以内）			
				64	128	256	500
名称			单位	消耗量			
材料	230701001	区域报警控制箱 壁挂式 64 点以内	台	（1.000）	—	—	—
	230701002	区域报警控制箱 壁挂式 128 点以内	台	—	（1.000）	—	—
	230701003	区域报警控制箱 壁挂式 256 点以内	台	—	—	（1.000）	—
	230701004	区域报警控制箱 壁挂式 500 点以内	台	—	—	—	（1.000）
	022703002	白布	m	0.085	0.165	0.245	0.340
	341304002	标志牌	个	1.000	1.000	1.000	1.000
	031305002	焊锡	kg	0.150	0.180	0.220	0.380
	031305003	焊锡膏	kg	0.030	0.030	0.060	0.100
	031519008	冲击钻头 ϕ10	个	0.130	0.130	0.130	0.130
	291711005	尼龙线卡	个	10.000	12.000	14.000	22.000
	173113003	塑料异型管 ϕ5	m	0.525	0.525	0.578	0.998
	030107047	镀锌膨胀螺栓 M8	套	4.000	4.000	4.000	4.000
	140301001	汽油 89#	kg	0.300	0.350	0.450	0.620
	130115001	调和漆	kg	0.200	0.300	0.045	0.045
	130505001	防锈漆	kg	0.200	0.250	0.027	0.030
	031301009	低碳钢焊条 J427（综合）	kg	0.045	0.045	0.045	0.045
	011303005	镀锌扁钢 40×4	kg	0.630	0.630	0.630	0.630
	284309001	接地编织铜线	m	0.500	0.500	0.500	0.500
	290901004	铜端子 6mm^2	个	2.030	2.030	2.030	2.030
	031101009	尼龙砂轮片 ϕ100	片	0.200	0.200	0.200	0.300
	850103006	其他材料费（占材料费）	%	3.000	3.000	3.000	3.000
机械	990900010	电焊机（综合）	台班	0.150	0.150	0.150	0.150
	870622068	交/直流低电阻测试仪	台班	0.070	0.070	0.070	0.070
	870613023	手持式万用表	台班	2.000	4.000	5.000	6.000

2. 报警控制箱落地式

工作内容： 外观检查、校线、绝缘电阻摇测、接头挂锡或压接冷压端头、排线、绑扎、导线标识、安装、本体调试、接地等。

计量单位： 台

编号				9-4-38
项目				落地（点以内）
				1000
名称			单位	消耗量
人工	000203000	综合二类工	工日	26.794
材料	230701005	区域报警控制箱 落地式 1000 点以内	台	（1.000）
	341304002	标志牌	个	1.000
	031305002	焊锡	kg	0.700
	031305003	焊锡膏	kg	0.180
	291711005	尼龙线卡	个	40.000
	173113003	塑料异型管 $\phi5$	m	1.838
	140301001	汽油 89#	kg	0.850
	130115001	调和漆	kg	0.050
	130505001	防锈漆	kg	0.040
	031301009	低碳钢焊条 J427（综合）	kg	0.045
	011303005	镀锌扁钢 40×4	kg	0.630
	284309001	接地编织铜线	m	1.000
	290901006	铜端子 16mm^2	个	4.060
	031101009	尼龙砂轮片 $\phi100$	片	0.500
	022703002	白布	m	0.630
	031519009	冲击钻头 $\phi12$	个	0.270
	030107049	镀锌膨胀螺栓 M10	套	8.000
	850103006	其他材料费（占材料费）	%	3.000
机械	990900010	电焊机（综合）	台班	0.150
	870622068	交/直流低电阻测试仪	台班	0.070
	870613023	手持式万用表	台班	8.000
	990422010	手动液压叉车	台班	0.500

十、联动控制箱安装

1. 联动控制箱壁挂式

工作内容： 校线、绝缘电阻摇测、接头挂锡或压接冷压端头、排线、绑扎、导线标识、安装、本体调试、接地等。

计量单位： 台

编号				9-4-39	9-4-40
项目				壁挂（点以内）	
				256	500
名称			单位	消耗量	
人工	000203000	综合二类工	工日	11.540	12.685
材料	230701006	联动控制箱 壁挂式 256 点以内	台	（1.000）	—
	230701007	联动控制箱 壁挂式 500 点以内	台	—	（1.000）
	022703002	白布	m	0.240	0.330
	031305002	焊锡	kg	0.200	0.360
	031305003	焊锡膏	kg	0.050	0.090
	291711005	尼龙线卡	个	16.000	24.000
	173113003	塑料异型管 $\phi5$	m	0.525	0.945
	140301001	汽油 89#	kg	0.450	0.860
	031301009	低碳钢焊条 J427（综合）	kg	0.045	0.045
	011303001	镀锌扁钢（综合）	kg	0.630	0.630
	031519009	冲击钻头 $\phi12$	个	0.130	0.130
	030107049	镀锌膨胀螺栓 M10	套	4.000	4.000
	284309001	接地编织铜线	m	0.500	0.500
	290901004	铜端子 $6mm^2$	个	2.030	2.030
	031101009	尼龙砂轮片 $\phi100$	片	0.200	0.300
	130115001	调和漆	kg	0.045	0.045
	130505001	防锈漆	kg	0.027	0.030
	850103006	其他材料费（占材料费）	%	3.000	3.000
机械	990900010	电焊机（综合）	台班	0.150	0.150
	870622068	交/直流低电阻测试仪	台班	0.070	0.070
	870613023	手持式万用表	台班	4.000	5.000

2. 联动控制箱落地式

工作内容： 校线、绝缘电阻摇测、接头挂锡或压接冷压端头、排线、绑扎、导线标识、安装、本体调试、接地等。

计量单位： 台

编号				9-4-41
项目				落地（点以内）
				1000
名称			单位	消耗量
人工	000203000	综合二类工	工日	14.695
材料	230701008	联动控制箱 落地式 1000 点以内	台	（1.000）
	031305002	焊锡	kg	0.680
	031305003	焊锡膏	kg	0.170
	291711005	尼龙线卡	个	46.000
	173113003	塑料异型管 $\phi5$	m	1.785
	140301001	汽油 89#	kg	1.500
	031301009	低碳钢焊条 J427（综合）	kg	0.045
	011303001	镀锌扁钢（综合）	kg	0.630
	284309001	接地编织铜线	m	1.000
	290901006	铜端子 16mm^2	个	4.060
	031101009	尼龙砂轮片 $\phi100$	片	0.500
	130115001	调和漆	kg	0.050
	130505001	防锈漆	kg	0.040
	022703002	白布	m	0.660
	031519009	冲击钻头 $\phi12$	个	0.130
	030107049	镀锌膨胀螺栓 M10	套	4.000
	850103006	其他材料费（占材料费）	%	3.000
机械	990900010	电焊机（综合）	台班	0.150
	870622068	交/直流低电阻测试仪	台班	0.070
	870613023	手持式万用表	台班	8.000
	990422010	手动液压叉车	台班	0.500

十一、远程控制箱（柜）安装

工作内容： 校线、绝缘电阻摇测、接头挂锡或压接冷压端头、排线、绑扎、导线标识、安装、本体调试、接地等。

计量单位：台

编 号				9-4-42	9-4-43	9-4-44
项 目				远程控制箱（路以内）		重复显示器
				3	5	
名 称			单位	消 耗 量		
人工	000203000	综合二类工	工日	6.372	7.971	11.304
材料	230701009	远程控制箱（柜）3 路以内	台	（1.000）	—	—
	230701010	远程控制箱（柜）5 路以内	台	—	（1.000）	—
	234105001	重复显示器	台	—	—	（1.000）
	022703002	白布	m	0.120	0.170	0.070
	173113003	塑料异型管 $\phi5$	m	0.315	0.525	0.210
	031519003	冲击钻头 $\phi6\sim8$	个	0.130	0.130	—
	030103046	镀锌自攻螺钉 ST4×30	个	4.000	4.000	—
	031305002	焊锡	kg	0.130	0.190	0.080
	031305003	焊锡膏	kg	0.040	0.050	0.020
	140301001	汽油 89#	kg	0.180	0.260	0.200
	031301009	低碳钢焊条 J427（综合）	kg	0.045	0.045	0.045
	340501004	打印纸卷	盒	0.240	0.300	—
	011303001	镀锌扁钢（综合）	kg	0.630	0.630	0.630
	284309001	接地编织铜线	m	0.500	0.500	0.500
	290901004	铜端子 $6mm^2$	个	2.030	2.030	—
	130115001	调和漆	kg	0.045	0.045	0.050
	130505001	防锈漆	kg	0.027	0.030	0.040
	290901006	铜端子 $16mm^2$	个	—	—	2.030
	850103006	其他材料费（占材料费）	%	3.000	3.000	3.000
机械	990900010	电焊机（综合）	台班	0.150	0.150	0.150
	870622068	交/直流低电阻测试仪	台班	0.070	0.070	0.070
	870613023	手持式万用表	台班	2.000	2.500	3.000

十二、火灾报警系统控制主机安装

1. 火灾报警系统控制主机壁挂式

工作内容：校线、绝缘电阻摇测、接头挂锡或压接冷压端头、排线、绑扎、导线标识、安装、本体调试、接地等。

计量单位：台

编号				9-4-45	9-4-46	9-4-47	9-4-48
项目				壁挂（点）			
				≤500	≤1000	≤2000	>2000
名称			单位	消耗量			
人工	000203000	综合二类工	工日	18.195	24.168	28.286	36.046
材料	233501001	火灾报警控制主机 壁挂式 500点以内	台	（1.000）	—	—	—
	233501002	火灾报警控制主机 壁挂式 1000点以内	台	—	（1.000）	—	—
	233501003	火灾报警控制主机 壁挂式 2000点以内	台	—	—	（1.000）	—
	233501004	火灾报警控制主机 壁挂式 2000点以外	台	—	—	—	（1.000）
	022703002	白布	m	0.340	0.630	1.260	2.520
	031519006	冲击钻头 $\phi10\sim20$	个	0.130	0.130	0.270	0.270
	030107049	镀锌膨胀螺栓 M10	套	—	—	8.000	8.000
	030107047	镀锌膨胀螺栓 M8	套	4.000	4.000	—	—
	341304002	标志牌	个	1.000	1.000	1.000	1.000
	031305002	焊锡	kg	0.250	0.500	0.800	1.600
	291711005	尼龙线卡	个	15.000	46.000	86.000	120.000
	031305003	焊锡膏	kg	0.070	0.130	0.200	0.400
	173113003	塑料异型管 $\phi5$	m	0.630	1.250	2.100	4.200
	140301001	汽油 89#	kg	0.520	0.800	0.920	2.600
	011303001	镀锌扁钢（综合）	kg	0.630	0.630	0.630	0.630
	284309001	接地编织铜线	m	0.500	0.500	0.500	0.500
	290901004	铜端子 $6mm^2$	个	2.030	2.030	2.030	2.030
	130115001	调和漆	kg	0.050	0.060	0.065	0.070
	130505001	防锈漆	kg	0.040	0.450	0.500	0.600
	031301009	低碳钢焊条 J427（综合）	kg	0.675	0.675	0.675	0.675
	340501004	打印纸卷	盒	0.320	0.400	0.500	0.600
	850103006	其他材料费（占材料费）	%	3.000	3.000	3.000	3.000
机械	990900010	电焊机（综合）	台班	0.150	0.150	0.150	0.150
	870622068	交/直流低电阻测试仪	台班	0.070	0.070	0.070	0.070
	870613023	手持式万用表	台班	5.000	7.000	9.000	12.000

2. 火灾报警系统控制主机落地式

工作内容：校线、绝缘电阻摇测、接头挂锡或压接冷压端头、排线、绑扎、导线标识、安装、本体调试、接地等。

计量单位：台

编号				9-4-49	9-4-50	9-4-51	9-4-52	9-4-53
项目				落地（点）				
				≤500	≤1000	≤2000	≤5000	>5000
名称			单位	消耗量				
人工	000203000	综合二类工	工日	18.481	23.943	31.351	42.721	48.348
材料	233501010	火灾报警控制主机 落地式 500点以内	台	（1.000）	—	—	—	—
	233501011	火灾报警控制主机 落地式 1000点以内	台	—	（1.000）	—	—	—
	233501012	火灾报警控制主机 落地式 2000点以内	台	—	—	（1.000）	—	—
	233501013	火灾报警控制主机 落地式 5000点以内	台	—	—	—	（1.000）	—
	233501009	火灾报警控制主机 落地式 5000点以外	台	—	—	—	—	（1.000）
	341304002	标志牌	个	1.000	1.000	1.000	1.000	1.000
	031305002	焊锡	kg	0.250	0.500	0.800	1.600	1.900
	031305003	焊锡膏	kg	0.063	0.130	0.200	0.400	0.700
	291711005	尼龙线卡	个	15.000	46.000	82.000	120.000	150.000
	173113003	塑料异型管 $\phi5$	m	0.630	1.250	2.100	4.200	8.400
	140301001	汽油 89#	kg	0.520	0.800	0.920	2.600	2.900
	011303001	镀锌扁钢（综合）	kg	0.630	0.630	0.630	0.630	0.630
	284309001	接地编织铜线	m	1.000	1.000	1.000	1.000	1.000
	290901006	铜端子 16mm^2	个	4.060	4.060	4.060	4.060	4.060
	130115001	调和漆	kg	0.500	0.600	0.650	0.700	0.800
	130505001	防锈漆	kg	0.030	0.045	0.500	0.600	0.700
	340501004	打印纸卷	盒	0.320	0.400	0.500	0.600	0.600
	031301009	低碳钢焊条 J427（综合）	kg	0.045	0.045	0.045	0.045	0.045
	022703002	白布	m	0.340	0.630	1.260	2.330	4.310
	031519009	冲击钻头 $\phi12$	个	0.130	0.130	0.270	0.270	0.270
	030107049	镀锌膨胀螺栓 M10	套	4.000	4.000	8.000	8.000	8.000
	850103006	其他材料费（占材料费）	%	3.000	3.000	3.000	3.000	3.000
机械	990900010	电焊机（综合）	台班	0.150	0.150	0.150	0.150	0.150
	870622068	交/直流低电阻测试仪	台班	0.070	0.070	0.070	0.070	0.070
	870613023	手持式万用表	台班	5.000	7.000	9.000	12.000	20.000
	990422010	手动液压叉车	台班	0.500	0.500	0.500	0.500	0.500

十三、联动控制主机（落地）安装

工作内容： 校线、绝缘电阻摇测、接头挂锡或压接冷压端头、排线、绑扎、导线标识、安装、本体调试、接地等。

计量单位： 台

编　　号				9-4-54	9-4-55	9-4-56	9-4-57
项　　目				落地（点）			
				≤256	≤500	≤1000	>1000
名　　称			单位	消　耗　量			
人工	000203000	综合二类工	工日	25.947	27.631	29.259	30.972
材料	233503001	联动控制主机　落地式 256 点以内	台	（1.000）	—	—	—
	233503002	联动控制主机　落地式 500 点以内	台	—	（1.000）	—	—
	233503003	联动控制主机　落地式 1000 点以内	台	—	—	（1.000）	—
	233503004	联动控制主机　落地式 1000 点以外	台	—	—	—	（1.000）
	022703002	白布	m	0.245	0.340	0.630	1.260
	341304002	标志牌	个	1.000	1.000	1.000	1.000
	030107047	镀锌膨胀螺栓　M8	套	4.000	4.000	4.000	4.000
	031519009	冲击钻头　$\phi12$	个	0.130	0.130	0.130	0.270
	031305002	焊锡	kg	0.200	0.360	0.680	0.980
	031305003	焊锡膏	kg	0.050	0.090	0.170	0.230
	291711005	尼龙线卡	个	16.000	24.000	46.000	68.000
	173113003	塑料异型管　$\phi5$	m	0.525	0.945	1.785	2.415
	140301001	汽油　89#	kg	0.450	0.860	1.500	1.800
	011303001	镀锌扁钢（综合）	kg	0.630	0.630	0.630	0.630
	284309001	接地编织铜线	m	1.000	1.000	1.000	1.000
	290901006	铜端子　$16mm^2$	个	4.060	4.060	4.060	4.060
	130115001	调和漆	kg	0.045	0.500	0.600	0.650
	130505001	防锈漆	kg	0.027	0.030	0.045	0.500
	031301009	低碳钢焊条　J427（综合）	kg	0.045	0.045	0.045	0.045
	850103006	其他材料费（占材料费）	%	3.000	3.000	3.000	3.000
机械	990900010	电焊机（综合）	台班	0.150	0.150	0.150	0.150
	870622068	交/直流低电阻测试仪	台班	0.070	0.070	0.070	0.070
	870613023	手持式万用表	台班	3.000	4.500	6.000	7.000
	990422010	手动液压叉车	台班	0.500	0.500	0.500	0.500

十四、消防广播及电话主机（柜）安装

1. 控制柜、功率放大器、录放盘

工作内容：校线、绝缘电阻摇测、接头挂锡或压接冷压端头、排线、绑扎、导线标识、安装、本体调试、接地等。

计量单位：台

编号				9-4-58	9-4-59	9-4-60
项目				消防广播控制柜	功率放大器	录放盘
名称			单位	消耗量		
人工	000203000	综合二类工	工日	12.510	0.308	0.387
材料	234301001	消防广播控制柜	台	（1.000）	—	—
	234309001	广播功率放大器	台	—	（1.000）	—
	234305001	广播录放盘	台	—	—	（1.000）
	022703002	白布	m	0.270	—	—
	011303001	镀锌扁钢（综合）	kg	1.260	—	—
	284309001	接地编织铜线	m	1.000	0.500	0.500
	290901006	铜端子 16mm^2	个	4.060	2.030	2.030
	341304002	标志牌	个	1.000	—	—
	031509005	垫铁	kg	2.000	—	—
	031305002	焊锡	kg	0.570	—	—
	031305003	焊锡膏	kg	0.143	—	—
	173113003	塑料异型管 $\phi5$	m	1.470	—	—
	020101009	橡胶板 $\delta4$	kg	0.480	—	—
	280301005	铜芯塑料绝缘电线 BV-4mm^2	m	3.054	—	—
	140301001	汽油 89#	kg	1.640	—	—
	130115001	调和漆	kg	0.045	—	—
	130505001	防锈漆	kg	0.027	—	—
	031301009	低碳钢焊条 J427（综合）	kg	0.045	—	—
	203307023	橡胶垫 $\delta2$	m^2	—	0.060	0.050
	030103031	镀锌螺钉 M2～5×4～50	个	—	4.080	4.080
	850103006	其他材料费（占材料费）	%	3.000	3.000	3.000
机械	990900010	电焊机（综合）	台班	0.150	—	—
	870622068	交/直流低电阻测试仪	台班	0.070	—	—
	990422010	手动液压叉车	台班	0.350	—	—
	870613023	手持式万用表	台班	3.000	0.500	—

2. 矩阵、分配器

工作内容：校线、绝缘电阻摇测、接头挂锡或压接冷压端头、排线、绑扎、导线标识、安装、本体调试、接地等。

计量单位：台

编　　号				9-4-61	9-4-62
项　　目				矩阵	分配器
名　　称			单位	消　耗　量	
人工	000203000	综合二类工	工日	0.257	3.769
材料	234320001	矩阵	台	（1.000）	—
	234310001	广播分配器	台	—	（1.000）
	284309001	接地编织铜线	m	0.500	0.500
	290901006	铜端子 16mm^2	个	2.030	2.030
	030103031	镀锌螺钉 M2～5×4～50	个	—	4.080
	031305002	焊锡	kg	—	0.360
	031305003	焊锡膏	kg	—	0.090
	173113003	塑料异型管 ϕ5	m	—	0.945
	022703002	白布	m	—	0.330
	850103006	其他材料费（占材料费）	%	3.000	3.000

3. 消防电话主机

工作内容：校线、绝缘电阻摇测、接头挂锡或压接冷压端头、排线、绑扎、导线标识、安装、本体调试、接地等。

计量单位：台

编　　号				9-4-63	9-4-64	9-4-65	9-4-66
项　　目				电话主机（路以内）			
				10	30	60	80
名　　称			单位	消　耗　量			
人工	000203000	综合二类工	工日	10.246	15.450	18.822	24.468
材料	234311001	消防电话主机 10 路以内	台	（1.000）	—	—	—
	234311002	消防电话主机 30 路以内	台	—	（1.000）	—	—
	234311003	消防电话主机 60 路以内	台	—	—	（1.000）	—
	234311004	消防电话主机 80 路以内	台	—	—	—	（1.000）
	011303001	镀锌扁钢（综合）	kg	1.220	1.220	1.220	1.220
	284309001	接地编织铜线	m	1.000	1.000	1.000	1.000
	290901006	铜端子 16mm^2	个	4.060	4.060	4.060	4.060

续前

编号				9-4-63	9-4-64	9-4-65	9-4-66
项目				电话主机（路以内）			
				10	30	60	80
名称			单位	消耗量			
材料	203307023	橡胶垫 δ2	m^2	—	0.050	0.050	0.050
	031305002	焊锡	kg	0.430	0.830	1.230	1.630
	031305003	焊锡膏	kg	0.110	0.210	0.310	0.410
	173113003	塑料异型管 ϕ5	m	1.050	2.100	3.150	4.200
	140301001	汽油 89#	kg	0.290	0.640	0.980	1.020
	130115001	调和漆	kg	0.030	0.030	0.030	0.030
	130505001	防锈漆	kg	0.020	0.020	0.020	0.020
	031301009	低碳钢焊条 J427（综合）	kg	0.675	0.675	0.675	0.675
	022703002	白布	m	0.380	0.740	1.100	1.630
	850103006	其他材料费（占材料费）	%	3.000	3.000	3.000	3.000
机械	990900010	电焊机（综合）	台班	0.150	0.150	0.150	0.150
	870622068	交/直流低电阻测试仪	台班	0.070	0.070	0.070	0.070
	870613023	手持式万用表	台班	3.000	3.000	5.000	7.000

十五、火灾报警控制微机安装

工作内容：计算机主机、显示器、打印机安装、软件安装、调试等。 **计量单位：**台

编号				9-4-67
项目				火灾报警控制微机、图形显示及打印终端
名称			单位	消耗量
人工	000203000	综合二类工	工日	4.811
材料	233501014	火灾报警控制微机、图形显示及打印终端	台	（1.000）
	022909001	白绸	m^2	0.220
	340501002	打印纸 132-1	箱	0.600
	850103006	其他材料费（占材料费）	%	3.000
机械	870613023	手持式万用表	台班	3.000

十六、备用电源及电池主机（柜）安装

工作内容：安装、电池安装、电池组接线、本体调试等。　　**计量单位：**台

编　号				9-4-68
项　目				备用电源及电池主机柜
名　称			单位	消　耗　量
人工	000203000	综合二类工	工日	3.856
材料	234113003	备用电源及电池主机柜	台	（1.000）
	022703002	白布	m	0.020
	011303001	镀锌扁钢（综合）	kg	0.630
	284309001	接地编织铜线	m	1.000
	290901006	铜端子 $16mm^2$	个	4.060
	031301009	低碳钢焊条 J427（综合）	kg	0.045
	203307023	橡胶垫 δ2	m^2	0.020
	030103031	镀锌螺钉 M2～5×4～50	个	5.600
	140301001	汽油 89#	kg	0.230
	130115001	调和漆	kg	0.030
	130505001	防锈漆	kg	0.020
	850103006	其他材料费（占材料费）	%	3.000
机械	990900010	电焊机（综合）	台班	0.150
	870613023	手持式万用表	台班	2.000
	990422010	手动液压叉车	台班	0.500

十七、报警联动一体机安装

1. 火灾报警联动一体机壁挂式

工作内容：校线、绝缘电阻摇测、接头挂锡或压接冷压端头、排线、绑扎、导线标识、安装、本体调试、接地等。

计量单位：台

编号				9-4-69	9-4-70
项目				壁挂（点以内）	
				64	128
名称			单位	消耗量	
人工	000203000	综合二类工	工日	4.177	6.716
材料	233501005	火灾报警联动一体机壁挂式 64 点以内	台	（1.000）	—
	233501006	火灾报警联动一体机壁挂式 128 点以内	台	—	（1.000）
	022703002	白布	m	0.030	0.070
	341304002	标志牌	个	1.000	1.000
	031519008	冲击钻头 ϕ10	个	0.130	0.130
	030107047	镀锌膨胀螺栓 M8	套	4.000	4.000
	031305002	焊锡	kg	0.050	0.090
	031305003	焊锡膏	kg	0.015	0.025
	291711005	尼龙线卡	个	15.000	20.000
	173113003	塑料异型管 ϕ5	m	0.500	0.800
	140301001	汽油 89#	kg	0.560	0.900
	011303001	镀锌扁钢（综合）	kg	0.630	0.630
	284309001	接地编织铜线	m	0.500	0.500
	290901006	铜端子 16mm²	个	4.060	4.060
	130115001	调和漆	kg	0.030	0.030
	130505001	防锈漆	kg	0.020	0.020
	031301009	低碳钢焊条 J427（综合）	kg	0.675	0.675
	850103006	其他材料费（占材料费）	%	3.000	3.000
机械	990900010	电焊机（综合）	台班	0.150	0.150
	870622068	交/直流低电阻测试仪	台班	0.070	0.070
	870613023	手持式万用表	台班	2.000	3.000

2. 火灾报警联动一体机落地式

工作内容：校线、绝缘电阻摇测、接头挂锡或压接冷压端头、排线、绑扎、导线标识、安装、本体调试、接地等。

计量单位：台

编号				9-4-71	9-4-72	9-4-73	9-4-74	9-4-75	9-4-76
项目				落地（点）					
				≤256	≤500	≤1000	≤2000	≤5000	>5000
名称			单位	消耗量					
人工	000203000	综合二类工	工日	21.743	30.856	35.388	42.134	57.277	67.134
材料	233501007	火灾报警联动一体机落地式 256 点以内	台	（1.000）	—	—	—	—	—
	233501008	火灾报警联动一体机落地式 500 点以内	台	—	（1.000）	—	—	—	—
	233503005	报警联动一体机安装落地式 1000 点以内	台	—	—	（1.000）	—	—	—
	233503006	报警联动一体机安装落地式 2000 点以内	台	—	—	—	（1.000）	—	—
	233503007	报警联动一体机安装落地式 5000 点以内	台	—	—	—	—	（1.000）	—
	233503008	报警联动一体机安装落地式 5000 点以外	台	—	—	—	—	—	（1.000）
	341304002	标志牌	个	1.000	1.000	1.000	1.000	1.000	1.000
	031305002	焊锡	kg	0.150	0.250	0.500	0.800	1.600	2.500
	031305003	焊锡膏	kg	0.045	0.070	0.130	0.200	0.500	0.900
	291711005	尼龙线卡	个	25.000	30.000	40.000	95.000	140.000	180.000
	173113003	塑料异型管 $\phi 5$	m	1.200	2.500	3.400	4.200	4.800	8.500
	140301001	汽油 89#	kg	0.950	3.020	3.500	0.950	3.020	3.500
	011303001	镀锌扁钢（综合）	kg	0.630	0.630	0.630	0.630	0.630	0.630
	284309001	接地编织铜线	m	1.000	1.000	0.500	0.500	0.500	0.500
	290901006	铜端子 $16mm^2$	个	4.060	4.060	4.060	4.060	4.060	4.060
	031301009	低碳钢焊条 J427（综合）	kg	0.675	0.675	0.045	0.045	0.045	0.045
	130115001	调和漆	kg	0.030	0.030	0.030	0.030	0.030	0.030
	130505001	防锈漆	kg	0.020	0.020	0.020	0.020	0.020	0.020
	031519008	冲击钻头 $\phi 10$	个	0.130	0.130	—	—	—	—
	031519009	冲击钻头 $\phi 12$	个	—	—	0.130	0.130	0.270	0.270
	030107047	镀锌膨胀螺栓 M8	套	4.000	4.000	—	—	—	—
	030107049	镀锌膨胀螺栓 M10	套	—	—	4.000	4.000	4.000	4.000
	022703002	白布	m	0.140	0.280	0.450	0.200	1.440	2.880
	850103006	其他材料费（占材料费）	%	3.000	3.000	3.000	3.000	3.000	3.000
机械	990900010	电焊机（综合）	台班	0.150	0.150	0.150	0.150	0.150	0.150

续前

编号				9-4-71	9-4-72	9-4-73	9-4-74	9-4-75	9-4-76
项目				落地（点）					
				≤ 256	≤ 500	≤ 1000	≤ 2000	≤ 5000	> 5000
名称			单位	消耗量					
机械	870622068	交/直流低电阻测试仪	台班	0.070	0.070	0.070	6.000	10.000	15.000
	870613023	手持式万用表	台班	4.000	5.000	7.000	9.000	12.000	20.000
	990422010	手动液压叉车	台班	0.500	0.500	0.500	0.500	0.500	0.500

十八、补充项目

1. 防火门门磁开关、电动闭门器、电磁门吸、电磁释放器

工作内容： 场内搬运、开箱检查、设备组装、检查基础、划线定位、安装、测试、设备检查、就位、调整、安装等。

计量单位：见表

编号				9-4-77	9-4-78	9-4-79	9-4-80
项目				门磁开关	电动闭门器	电磁门吸	电磁释放器
单位				套	个	套	台
名称			单位	消耗量			
人工	000203000	综合二类工	工日	0.110	0.260	0.220	6.430
材料	260911001	门磁开关	套	（1.000）	—	—	—
	030311002	电动闭门器	个	—	（1.000）	—	—
	030319002	电磁门吸	套	—	—	（1.000）	—
	260911002	电磁释放器	台	—	—	—	（1.000）
	030103036	镀锌木螺钉 $d4 \times 50$	个	4.080	6.120	8.160	—
	351121001	压线针	包	0.010	0.010	0.010	—
	012300001	型钢（综合）	kg	—	—	—	3.000
	031507017	镀锌铁丝 ϕ2.5～4.0	kg	—	—	—	2.000
	022703003	白布	kg	—	—	—	1.200
	031102005	铁砂布 $0^{\#}$～$2^{\#}$	张	—	—	—	3.000
	031301007	低碳钢焊条（综合）	kg	—	—	—	2.000
	130115006	酚醛调和漆	kg	—	—	—	0.610
	140111001	松节油	kg	—	—	—	0.460
	140509003	溶剂汽油 200#	kg	—	—	—	2.000
	143309002	黄甘油	kg	—	—	—	0.300
材料	142909001	氧气	m^3	—	—	—	6.000

续前

编号				9-4-77	9-4-78	9-4-79	9-4-80
项目				门磁开关	电动闭门器	电磁门吸	电磁释放器
单位				套	个	套	台
名称			单位	消耗量			
材料	142907002	乙炔气	kg	—	—	—	1.980
	850103006	其他材料费（占材料费）	%	3.000	3.000	3.000	—
机械	870613023	手持式万用表	台班	0.050	0.050	0.050	—
	990304004	汽车式起重机 8t	台班	—	—	—	0.476
	990401020	载重汽车 5t	台班	—	—	—	0.476
	990503020	电动单筒慢速卷扬机 30kN	台班	—	—	—	1.048
	990901020	交流弧焊机 32kV·A	台班	—	—	—	0.952
	990919030	电焊条烘干箱 $60 \times 50 \times 75cm^3$	台班	—	—	—	0.095
	991299050	其他机具费（占机械费）	%	3.000	3.000	3.000	—

2. 智能电源箱

工作内容：开箱、检查、安装、接地、开孔、校线、补漆等。 **计量单位：**台

编号				9-4-81
项目				智能电源箱
名称			单位	消耗量
人工	000203000	综合二类工	工日	1.620
材料	234111001	智能电源箱	台	（1.000）
	284309001	接地编织铜线	m	0.500
	290901018	管压铜端子 $DT\text{-}6mm^2$	个	2.030
	011303001	镀锌扁钢（综合）	kg	0.630
	031305002	焊锡	kg	0.250
	031305003	焊锡膏	kg	0.060
	031301008	低碳钢焊条 J422（综合）	kg	0.050
	130115007	酚醛调和漆 各色	kg	0.050
	130505009	酚醛防锈漆 各色	kg	0.030
	341103001	电	kW·h	0.390
	031519008	冲击钻头 $\phi10$	个	0.130
	030107034	膨胀螺栓 M8 × 80	套	4.120
	850103005	其他材料费	元	0.410
机械	870613023	手持式万用表	台班	0.160

3. 总线隔离器

工作内容： 校线、接头、压接冷压端头、排线、绑扎、导线标识、安装、补漆、编码、本体调试等。

计量单位：个

编号				9-4-82
项目				总线隔离器
名称			单位	消耗量
人工	000203000	综合二类工	工日	0.247
材料	234505001	总线隔离器	个	（1.000）
	022703002	白布	m	0.110
	031305002	焊锡	kg	0.120
	031305003	焊锡膏	kg	0.030
	280317013	阻燃铜芯塑料绝缘绞型电线 ZR-RVS 2×1.5mm^2	m	0.305
	291711007	铜接线卡 1.0～2.5	个	4.060
	030103031	镀锌螺钉 M2～5×4～50	个	4.040
	341304002	标志牌	个	1.000
	291711005	尼龙线卡	个	4.000
	021301005	尼龙扎带 $L=100～150$	个	2.000
	022701003	棉纱头	kg	0.010
	850103006	其他材料费（占材料费）	%	3.000
机械	870613023	手持式万用表	台班	0.170

4. 多线制手动控制盘（柜）

工作内容： 校线、绝缘电阻摇测、接头挂锡或压接冷压端头、排线、绑扎、导线标识、安装、本体调试、接地等。

计量单位：台

编号				9-4-83	9-4-84	9-4-85
项目				盘柜（路以内）		
				16	32	64
名称			单位	消耗量		
人工	000203000	综合二类工	工日	4.290	5.650	6.220
材料	230701011	多线制手动控制盘（柜）16 路以内	台	（1.000）	—	—

续前

编号				9-4-83	9-4-84	9-4-85
项目				盘柜（路以内）		
				16	32	64
名称			单位	消耗量		
材料	230701012	多线制手动控制盘（柜）32 路以内	台	—	（1.000）	—
	230701013	多线制手动控制盘（柜）64 路以内	台	—	—	（1.000）
	130505001	防锈漆	kg	0.020	0.027	0.030
	130115001	调和漆	kg	0.045	0.045	0.045
	290901022	铜接线端子 DT-16mm²	个	2.030	2.030	2.030
	284309001	接地编织铜线	m	0.500	0.500	0.500
	011303001	镀锌扁钢（综合）	kg	0.630	0.630	0.630
	031301009	低碳钢焊条 J427（综合）	kg	0.450	0.450	0.450
	140301001	汽油 89#	kg	0.160	0.250	0.450
	031305003	焊锡膏	kg	0.050	0.100	0.190
	031305002	焊锡	kg	0.200	0.400	0.730
	031519008	冲击钻头 $\phi10$	个	0.130	0.130	0.130
	030107014	膨胀螺栓 M8	10 套	0.412	0.412	0.412
	172500035	异型塑料管 $\phi5$	m	0.500	1.000	1.830
	290645058	塑料线夹 $\phi15$	个	4.000	8.000	12.000
	341304002	标志牌	个	1.000	1.000	1.000
	341103001	电	kW · h	0.390	0.390	0.390
	850103006	其他材料费（占材料费）	%	3.000	3.000	3.000
机械	990900010	电焊机（综合）	台班	0.200	0.200	0.200
	870613023	手持式万用表	台班	0.300	0.600	1.200
	870622068	交/直流低电阻测试仪	台班	0.070	0.070	0.070
	873112033	交流稳压电源	台班	0.300	0.300	0.600
	870699204	自耦调压器 TDJC-S-1	台班	0.300	0.300	0.600
	873112011	直流稳压稳流电源	台班	0.300	0.300	0.600

5. 总线制控制盘

工作内容： 校线、绝缘电阻摇测、接头挂锡或压接冷压端头、排线、绑扎、导线标识、安装、本体调试、接地等。

计量单位： 台

编号				9-4-86
项目				总线制控制盘
名称			单位	消耗量
人工	000203000	综合二类工	工日	5.630
材料	230701014	总线控制盘	台	（1.000）
	130505001	防锈漆	kg	0.027
	130115001	调和漆	kg	0.045
	290901022	铜接线端子 DT-16mm²	个	2.030
	284309001	接地编织铜线	m	0.500
	011303001	镀锌扁钢（综合）	kg	0.620
	031301009	低碳钢焊条 J427（综合）	kg	0.410
	140301001	汽油 89#	kg	0.250
	031305003	焊锡膏	kg	0.100
	031305002	焊锡	kg	0.400
	031519008	冲击钻头 $\phi10$	个	0.130
	030107014	膨胀螺栓 M8	10 套	0.412
	172500035	异型塑料管 $\phi5$	m	1.000
	290645058	塑料线夹 $\phi15$	个	8.000
	341304002	标志牌	个	1.000
	341103001	电	kW·h	0.350
	850103006	其他材料费（占材料费）	%	3.000
机械	990900010	电焊机（综合）	台班	0.200
	870613023	手持式万用表	台班	0.600
	870622068	交/直流低电阻测试仪	台班	0.070
	873112033	交流稳压电源	台班	0.300
	870699204	自耦调压器 TDJC-S-1	台班	0.300
	873112011	直流稳压稳流电源	台班	0.300

6. 备 用 电 源

工作内容：安装、电池安装、电池组接线、本体调试。　　**计量单位：**台

编　号				9-4-87
项　目				备用电源
名　称			单位	消　耗　量
人工	000203000	综合二类工	工日	0.400
材料	234111002	备用电源	台	（1.000）
	284309001	接地编织铜线	m	1.000
	290901022	铜接线端子 DT-16mm^2	个	4.060
	203307023	橡胶垫 δ2	m^2	0.020
机械	870613023	手持式万用表	台班	0.040

7. 空气采样感烟探测器安装

工作内容：本体安装、校线、压线、接地、调试等。　　**计量单位：**台

编　号				9-4-88
项　目				感烟探测器
名　称			单位	消　耗　量
人工	000203000	综合二类工	工日	1.560
材料	233301002	空气采样感烟探测器	台	（1.000）
	030103055	木螺钉 d4.5～6×15～100	10 个	2.040
	031519007	冲击钻头 ϕ8	个	0.200
	172500029	塑料胀管 ϕ6～8	个	2.100
	031305002	焊锡	kg	0.040
	031305003	焊锡膏	kg	0.010
	352302001	开孔器 20	个	0.060
	280317013	阻燃铜芯塑料绝缘绞型电线 ZR-RVS 2×1.5mm^2	m	0.153
	291711007	铜接线卡 1.0～2.5	个	2.030
机械	870613023	手持式万用表	台班	0.010
	874614162	火灾探测器试验器	台班	0.030

第五章

智能应急照明及疏散系统

说　明

一、本章内容包括：智能应急照明控制器、消防应急灯具专用电源、应急电源分配电装置、智能应急灯具及标志灯具安装。

二、本章安装项目中均包括以下工作内容：

1. 设备和箱、机及元件的搬运、开箱检查、清点、杂物回收、安装就位、接地、密封，箱、机内的校线、接线、压接端头（挂锡）、编码、测试、清洗、记录整理等。

2. 本体调试。

三、本章不包括以下工作内容：

1. 设备支架、底座、基础的制作与安装。

2. 构件加工、制作。

3. 系统应用软件开发。

四、安装项目中箱、机是以成套装置编制的；柜式及琴台式均执行落地式安装相应项目。

工程量计算规则

一、应急照明控制器安装，应区分安装方式，按设计图示数量，分别以“台”为计量单位。

二、消防应急灯具专用电源安装，应区分安装方式及容量，按设计图示数量，分别以“台”为计量单位。

三、应急照明分配电装置安装，应区分不同回路数，按设计图示数量，分别以“台”为计量单位。

四、智能应急灯具及标志灯具安装，应区分安装方式，按设计图示数量，分别以“个”为计量单位。

一、应急照明控制器安装

工作内容： 校线、绝缘电阻摇测、接头挂锡或压接冷压端头、排线、绑扎、导线标识、安装、本体调试、接地等。

计量单位： 台

编号				9-5-1	9-5-2
项目				壁挂	落地
名称			单位	消耗量	
人工	000203000	综合二类工	工日	3.962	5.247
材料	234401001	应急照明控制器 壁挂式	台	（1.000）	—
	234401002	应急照明控制器 落地式	台	—	（1.000）
	031305002	焊锡	kg	0.180	0.210
	022703002	白布	m	0.340	0.340
	031519008	冲击钻头 $\phi 10$	个	0.130	0.130
	030107047	镀锌膨胀螺栓 M8	套	4.000	4.000
	031305003	焊锡膏	kg	0.050	0.070
	291711005	尼龙线卡	个	10.000	16.000
	173113003	塑料异型管 $\phi 5$	m	0.600	0.800
	031301009	低碳钢焊条 J427（综合）	kg	0.560	0.560
	011303001	镀锌扁钢（综合）	kg	0.630	0.630
	284309001	接地编织铜线	m	0.500	0.500
	290901004	铜端子 $6mm^2$	个	2.030	2.030
	031101009	尼龙砂轮片 $\phi 100$	片	0.200	0.500
	130115001	调和漆	kg	0.045	0.050
	130505001	防锈漆	kg	0.027	0.040
	290901006	铜端子 $16mm^2$	个	—	4.060
	850103006	其他材料费（占材料费）	%	3.000	3.000
机械	990900010	电焊机（综合）	台班	0.150	0.150
	870622068	交/直流低电阻测试仪	台班	0.070	0.070
	870613023	手持式万用表	台班	2.000	2.000
	990422010	手动液压叉车	台班	0.500	0.500

二、消防应急灯具专用电源安装

1. 应急灯具专用电源壁挂式

工作内容： 校线、绝缘电阻摇测、接头挂锡或压接冷压端头、排线、绑扎、导线标识、安装、电池安装、本体调试、接地等。

计量单位：台

编号				9-5-3
项目				壁挂（kV·A）
				1
名称			单位	消耗量
人工	000203000	综合二类工	工日	1.456
材料	234403001	消防应急灯具专用电源壁挂式 1kV·A 以内	台	（1.000）
	011303001	镀锌扁钢（综合）	kg	0.630
	022703002	白布	m	0.340
	031519009	冲击钻头 $\phi12$	个	0.130
	030107049	镀锌膨胀螺栓 M10	套	4.000
	284309001	接地编织铜线	m	0.500
	290901006	铜端子 $16mm^2$	个	4.060
	031301009	低碳钢焊条 J427（综合）	kg	0.675
	140301001	汽油 89#	kg	0.230
	130115001	调和漆	kg	0.030
	130505001	防锈漆	kg	0.020
	850103006	其他材料费（占材料费）	%	3.000
机械	990900010	电焊机（综合）	台班	0.150
	870613023	手持式万用表	台班	0.500

2. 应急灯具专用电源落地式

工作内容：校线、绝缘电阻摇测、接头挂锡或压接冷压端头、排线、绑扎、导线标识、安装、电池安装、本体调试、接地等。

计量单位：台

编　　号				9-5-4	9-5-5	9-5-6
项　　目				落地（kV·A）		
				≤3	≤6	>6
名　　称			单位	消　耗　量		
人工	000203000	综合二类工	工日	5.097	7.154	11.822
材料	234403002	消防应急灯具专用电源 落地式 3kV·A 以内	台	（1.000）	—	—
	234403003	消防应急灯具专用电源 落地式 6kV·A 以内	台	—	（1.000）	—
	234403004	消防应急灯具专用电源 落地式 6kV·A 以外	台	—	—	（1.000）
	011303001	镀锌扁钢（综合）	kg	0.630	0.630	0.630
	284309001	接地编织铜线	m	1.000	1.000	1.000
	290901006	铜端子 16mm^2	个	4.060	4.060	4.060
	031301009	低碳钢焊条 J427（综合）	kg	0.675	0.720	0.900
	203307023	橡胶垫 $\delta 2$	m^2	0.020	0.020	0.020
	140301001	汽油 89#	kg	0.230	0.230	0.230
	130115001	调和漆	kg	0.030	0.030	0.030
	130505001	防锈漆	kg	0.020	0.020	0.020
	022703002	白布	m	0.340	0.630	0.630
	031519009	冲击钻头 $\phi 12$	个	0.130	0.130	0.130
	030107049	镀锌膨胀螺栓 M10	套	4.000	4.000	4.000
	850103006	其他材料费（占材料费）	%	3.000	3.000	3.000
机械	990900010	电焊机（综合）	台班	0.150	0.160	0.200
	870613023	手持式万用表	台班	1.500	2.000	3.000
	990422010	手动液压叉车	台班	1.000	2.000	4.500

三、应急照明分配电装置安装

工作内容： 校线、绝缘电阻摇测、接头挂锡或压接冷压端头、排线、绑扎、导线标识、安装、调试、试运行、接地等。

计量单位：台

编号				9-5-7	9-5-8	9-5-9	9-5-10
项目				壁挂（回路）			
				≤4	≤6	≤8	>8
名称			单位	消耗量			
人工	000203000	综合二类工	工日	5.769	6.282	8.509	10.658
材料	234405001	应急照明分配电装置壁挂式 4 回路以内	台	（1.000）	—	—	—
	234405002	应急照明分配电装置壁挂式 6 回路以内	台	—	（1.000）	—	—
	234405003	应急照明分配电装置壁挂式 8 回路以内	台	—	—	（1.000）	—
	234405004	应急照明分配电装置壁挂式 8 回路以外	台	—	—	—	（1.000）
	022703002	白布	m	0.080	0.100	0.100	0.120
	031519008	冲击钻头 $\phi10$	个	0.130	0.130	0.130	0.130
	030107047	镀锌膨胀螺栓 M8	套	4.000	4.000	4.000	4.000
	173113003	塑料异型管 $\phi5$	m	0.320	0.520	1.020	2.020
	031305002	焊锡	kg	0.150	0.210	0.270	0.500
	031305003	焊锡膏	kg	0.040	0.060	0.080	0.180
	140301001	汽油 89#	kg	0.180	0.260	0.340	0.420
	031301009	低碳钢焊条 J427（综合）	kg	0.675	0.675	0.675	0.675
	011303001	镀锌扁钢（综合）	kg	0.063	0.063	0.063	0.063
	284309001	接地编织铜线	m	0.500	0.500	0.500	0.500
	290901004	铜端子 $6mm^2$	个	2.030	2.030	2.030	2.030
	130115001	调和漆	kg	0.045	0.045	0.045	0.045
	130505001	防锈漆	kg	0.027	0.030	0.033	0.050
	850103006	其他材料费（占材料费）	%	3.000	3.000	3.000	3.000
机械	990900010	电焊机（综合）	台班	0.150	0.150	0.150	0.150
	870622068	交/直流低电阻测试仪	台班	0.125	0.125	0.125	0.125
	870613023	手持式万用表	台班	2.000	3.000	4.000	6.000

四、智能应急灯具及标志灯具安装

1. 应　急　灯

工作内容：底座安装、校线、接头、压接冷压端头、底座压线、编码、灯具安装、测试等。 **计量单位：**个

编　　号				9-5-11	9-5-12	9-5-13
项　　目				吸顶	壁装	吊装
名　　称			单位	消　耗　量		
人工	000203000	综合二类工	工日	0.256	0.240	0.334
材料	253501001	应急灯 吸顶式	个	（1.000）	—	—
	253501002	应急灯 壁装式	个	—	（1.000）	—
	253501003	应急灯 吊装式	个	—	—	（1.000）
	291711007	铜接线卡 1.0～2.5	个	2.030	2.030	2.030
	280317013	阻燃铜芯塑料绝缘绞型电线 ZR-RVS $2\times1.5mm^2$	m	0.150	0.150	1.500
	030103031	镀锌螺钉 M2～5×4～50	个	2.040	2.040	4.080
	291110003	钢接线盒 灯具配用	个	—	—	1.000
	255901001	吊杆	kg	—	—	0.650
	850103006	其他材料费（占材料费）	%	3.000	3.000	3.000
机械	870613023	手持式万用表	台班	0.015	0.015	0.015

2. 标　志　灯

工作内容：底座安装、校线、接头、压接冷压端头、底座压线、编码、灯具安装、测试等。 **计量单位：**个

编　　号				9-5-14	9-5-15
项　　目				壁装	吊装
名　　称			单位	消　耗　量	
人工	000203000	综合二类工	工日	0.227	0.312
材料	253503001	标志灯 壁装式	个	（1.000）	—
	253503002	标志灯 吊装式	个	—	（1.000）
	291711007	铜接线卡 1.0～2.5	个	2.030	2.030
	280317013	阻燃铜芯塑料绝缘绞型电线 ZR-RVS $2\times1.5mm^2$	m	0.150	1.500
	030103031	镀锌螺钉 M2～5×4～50	个	2.040	4.080
	291110003	钢接线盒 灯具配用	个	—	1.000
	255901001	吊杆	kg	—	0.650
	850103006	其他材料费（占材料费）	%	3.000	3.000
机械	870613023	手持式万用表	台班	0.015	0.015

第六章

消防系统调试

说 明

一、本章内容包括：自动报警系统调试、火灾事故广播、消防通信系统调试、水灭火控制装置调试、防火控制装置调试、气体灭火系统装置调试、智能应急照明及疏散指示系统调试。

二、本章适用于工业与民用建筑项目中的消防工程系统调试。

三、相关说明：

1. 系统调试是指消防报警和灭火系统安装完毕且联通，并达到国家有关消防施工验收规范、标准进行的全系统检测、调整和试验。

2. 项目中不包括气体灭火系统调试试验时采取的安全措施，应另行计算。

3. 自动报警系统装置包括各种探测器、手动报警按钮和报警控制器；灭火系统控制装置包括消火栓、自动喷水、七氟丙烷、二氧化碳、独立式悬挂超细干粉灭火装置等固定灭火系统的控制装置。

4. 智能应急照明系统，按照智能应急照明控制器所连接的智能应急及疏散系统分配电装置台数确定点位。

工程量计算规则

一、自动报警系统调试，应区分不同点数，分别以“系统”为计量单位。

二、火灾事故广播（包括广播喇叭及音箱、电话插孔）调试，应按设计图示数量，分别以“10 只”为计量单位。

三、消防通信分机，应按设计图示数量，以“部”为计量单位。

四、水灭火控制装置调试，应区分消火栓、自动喷水、消防水炮的控制装置，按设计图示数量，以“点”为计量单位。计算水灭火控制装置调试时应包括水流指示器、消火栓启动消防泵的按钮、消防水炮的数量等，均应按点数计算。

五、防火控制装置调试，应区分电动防火门、防火卷帘门、电动防火阀、电动排烟阀、电动正压送风阀、切断非消防电源、消防风机、消防水泵联动等，按设计图示数量，分别以“点”为计量单位。

六、消防电梯及一般客用电梯调试，应按设计图示数量，分别以“部”为计量单位。

七、气体灭火系统装置调试，应区分试验容器的规格（L），按调试、检验和验收所消耗的试验容器总数量，分别以“点”为计量单位。包括七氟丙烷、IG541、二氧化碳等组成的灭火系统，按系统装置的瓶头阀数量等以点数计算。

八、智能应急照明及疏散指示系统调试，应区分其系统组成中分配电系统装置数量的不同，分别以“系统”为计量单位。

一、自动报警系统调试

1. 自动报警系统调试

工作内容：技术和器具准备、检查接线、绝缘检查、程序装载或校对检查、功能测试、系统试验、记录整理等。

计量单位：系统

编　　号				9-6-1	9-6-2	9-6-3	9-6-4
项　　目				（点以内）			
				64	128	256	500
名　　称			单位	消　耗　量			
人工	000303000	综合三类工	工日	13.983	23.477	61.055	109.173
材料	341103001	电	kW·h	36.000	72.000	86.000	180.000
	340115004	充电电池 5#	节	10.000	10.000	10.000	10.000
	280301002	铜芯塑料绝缘电线 BV-1.0mm²	m	15.270	15.270	15.270	15.270
	271799001	电气绝缘胶带 18mm × 10m × 0.13mm	卷	5.600	7.200	8.840	10.030
	340501002	打印纸 132-1	箱	0.050	0.120	0.240	0.320
	143303002	酒精 工业用 99.5%	kg	0.200	0.390	0.460	0.560
	850103006	其他材料费（占材料费）	%	3.000	3.000	3.000	3.000
机械	873150102	对讲机（一对）	台班	4.000	6.000	10.000	30.000
	870622068	交/直流低电阻测试仪	台班	0.500	0.800	0.950	1.000
	870613023	手持式万用表	台班	5.000	7.000	9.000	12.000
	873112033	交流稳压电源	台班	5.000	8.000	10.000	11.000
	873112006	直流稳压电源	台班	5.000	8.000	10.000	11.000
	870622060	接地引下线导通电阻测试仪	台班	0.500	0.500	0.500	0.500
	874614162	火灾探测器试验器	台班	1.500	2.500	3.000	3.500

工作内容：技术和器具准备、检查接线、绝缘检查、程序装载或校对检查、功能测试、系统试验、记录整理等。

计量单位：系统

编号				9-6-5	9-6-6	9-6-7	9-6-8
项目				系统调试（点以内）			（5000 点以外）每增加 256 点
				1000	2000	5000	
名称			单位	消耗量			
人工	000303000	综合三类工	工日	183.729	240.972	361.458	10.280
材料	341103001	电	kW · h	320.000	740.000	1600.000	80.000
	340115004	充电电池 5#	节	20.000	40.000	100.000	5.000
	280301002	铜芯塑料绝缘电线 BV-1.0mm^2	m	15.270	15.270	15.270	—
	271799001	电气绝缘胶带 18mm × 10m × 0.13mm	卷	12.190	16.820	20.820	2.080
	340501002	打印纸 132-1	箱	0.400	0.500	0.600	0.060
	143303002	酒精 工业用 99.5%	kg	0.600	0.700	0.900	0.090
	850103006	其他材料费（占材料费）	%	3.000	3.000	3.000	3.000
机械	873150102	对讲机（一对）	台班	50.000	65.000	130.000	13.000
	870622068	交/直流低电阻测试仪	台班	1.500	2.000	5.000	0.500
	870613023	手持式万用表	台班	20.000	35.000	60.000	6.000
	873112033	交流稳压电源	台班	22.000	30.000	50.000	—
	873112006	直流稳压电源	台班	22.000	30.000	50.000	—
	870622060	接地引下线导通电阻测试仪	台班	0.500	0.500	0.500	0.005
	874614162	火灾探测器试验器	台班	5.000	15.000	45.000	4.500

2. 火灾事故广播、消防通信系统调试

工作内容： 技术和器具准备、检查接线、绝缘检查、程序装载或校对检查、功能测试、系统试验、记录整理等。

计量单位：见表

编　号				9-6-9	9-6-10
项　目				广播喇叭及音箱、电话插孔	通信分机
单　位				10只	部
名　称			单位	消　耗　量	
人工	000303000	综合三类工	工日	1.782	0.271
材料	341103001	电	kW·h	12.800	12.800
	340115003	电池 5#	节	16.000	4.000
	850103006	其他材料费（占材料费）	%	3.000	3.000
机械	873150102	对讲机（一对）	台班	0.500	0.100
	870613023	手持式万用表	台班	2.600	0.100
	873158001	声级计	台班	0.800	0.800

二、水灭火控制装置调试

工作内容： 技术和器具准备、检查接线、绝缘检查、程序装载或校对检查、功能测试、系统试验、记录整理等。

计量单位：点

编　号				9-6-11	9-6-12	9-6-13
项　目				消火栓灭火系统	自动喷水灭火系统	消防水炮控制装置调试
名　称			单位	消　耗　量		
人工	000303000	综合三类工	工日	0.429	0.626	3.547
材料	341103001	电	kW·h	110.000	274.000	329.000
	143303002	酒精 工业用 99.5%	kg	0.160	0.400	0.480
	280301002	铜芯塑料绝缘电线 BV-1.0mm^2	m	1.527	3.563	15.270
	271799001	电气绝缘胶带 18mm × 10m × 0.13mm	卷	0.420	0.884	1.060
	850103006	其他材料费（占材料费）	%	3.000	3.000	3.000
机械	873150102	对讲机（一对）	台班	0.500	1.000	1.000
	870613023	手持式万用表	台班	0.500	1.000	1.000
	874614162	火灾探测器试验器	台班	—	1.500	1.000

三、防火控制装置调试

1. 防火卷帘门、电动防火门（窗）

工作内容：技术和器具准备、检查接线、绝缘检查、程序装载或校对检查、功能测试、系统试验、记录整理等。

计量单位：点

编　号				9-6-14	9-6-15
项　目				防火卷帘门	电动防火门（窗）
名　称			单位	消　耗　量	
人工	000303000	综合三类工	工日	0.386	0.271
材料	341103001	电	kW · h	108.000	2.000
	250101001	灯泡	个	0.309	0.400
	280301003	铜芯塑料绝缘电线 BV-1.5mm^2	m	0.236	0.236
	850103006	其他材料费（占材料费）	%	3.000	3.000
机械	873150102	对讲机（一对）	台班	0.500	0.300
	870613023	手持式万用表	台班	0.500	0.300
	874614162	火灾探测器试验器	台班	0.300	0.300

2. 防火阀、排烟阀、正压送风阀、切断非消防电源

工作内容：技术和器具准备、检查接线、绝缘检查、程序装载或校对检查、功能测试、系统试验、记录整理等。

计量单位：点

编　号				9-6-16	9-6-17
项　目				电动防火阀、电动排烟阀、电动正压送风阀	切断非消防电源
名　称			单位	消　耗　量	
人工	000303000	综合三类工	工日	0.502	0.848
材料	341103001	电	kW · h	5.000	5.000
	250101001	灯泡	个	0.480	—
	554100001	蓄电池 24AH	块	0.040	0.040
	280301003	铜芯塑料绝缘电线 BV-1.5mm^2	m	0.407	0.407
	850103006	其他材料费（占材料费）	%	3.000	3.000
机械	873150102	对讲机（一对）	台班	0.500	0.500
	870613023	手持式万用表	台班	0.500	0.300
	874614162	火灾探测器试验器	台班	0.300	0.300

3. 消防风机、消防水泵联动

工作内容：技术和器具准备、检查接线、绝缘检查、程序装载或校对检查、功能测试、系统试验、记录整理等。

计量单位：点

编号				9-6-18	9-6-19
项目				消防风机	消防水泵联动
名称			单位	消耗量	
人工	000303000	综合三类工	工日	0.926	1.002
材料	341103001	电	kW · h	38.400	76.800
	340115003	电池 5#	节	32.000	64.000
	280301003	铜芯塑料绝缘电线 BV-1.5mm²	m	0.407	0.611
	850103006	其他材料费（占材料费）	%	3.000	3.000
机械	873150102	对讲机（一对）	台班	0.500	0.800
	870613023	手持式万用表	台班	0.300	0.500
	874614162	火灾探测器试验器	台班	0.300	—

4. 消防电梯、一般客用电梯

工作内容：技术和器具准备、检查接线、绝缘检查、程序装载或校对检查、功能测试、系统试验、记录整理等。

计量单位：部

编号				9-6-20	9-6-21
项目				消防电梯	一般客用电梯
名称			单位	消耗量	
人工	000303000	综合三类工	工日	5.545	5.282
材料	341103001	电	kW · h	38.400	38.400
	340115003	电池 5#	节	32.000	32.000
	850103006	其他材料费（占材料费）	%	3.000	3.000
机械	873150102	对讲机（一对）	台班	1.000	0.300
	870613023	手持式万用表	台班	1.000	0.300
	874614162	火灾探测器试验器	台班	1.000	0.300

四、气体灭火系统装置调试

工作内容：工具准备、模拟喷气试验、储存容器切换器操作试验、气体试喷等。　　　　计量单位：点

编号				9-6-22	9-6-23	9-6-24	9-6-25	9-6-26
项目				试验容器规格（L）				
				40	70	90	155	270
名称			单位	消耗量				
人工	000303000	综合三类工	工日	2.622	3.932	5.243	7.325	10.486
材料	553301001	电磁铁	块	1.000	1.000	1.000	1.000	1.000
	231715001	大膜片	片	1.000	1.000	1.000	1.000	1.000
	231715002	小膜片	片	1.000	1.000	1.000	1.000	1.000
	234501001	锥形堵块	只	1.000	1.000	1.000	1.000	1.000
	203309001	聚四氟乙烯垫	个	1.000	1.000	1.000	1.000	1.000
	142913009	试验介质（氮气） 270L	瓶	—	—	—	—	2.000
	271799001	电气绝缘胶带 18mm × 10m × 0.13mm	卷	2.000	2.000	2.000	2.000	2.000
	340501002	打印纸 132-1	箱	0.600	0.600	0.600	0.600	0.600
	143303002	酒精 工业用 99.5%	kg	0.900	0.900	0.900	0.900	0.900
	142913005	试验介质（氮气） 40L	瓶	1.000	—	—	—	—
	142913006	试验介质（氮气） 70L	瓶	—	1.000	—	—	—
	142913007	试验介质（氮气） 90L	瓶	—	—	1.000	—	—
	142913008	试验介质（氮气） 155L	瓶	—	—	—	1.000	—
	850103006	其他材料费（占材料费）	%	3.000	3.000	3.000	3.000	3.000
机械	873150102	对讲机（一对）	台班	1.000	1.000	1.000	1.000	1.000
	870613023	手持式万用表	台班	1.000	1.000	1.000	1.000	1.000
	874614162	火灾探测器试验器	台班	1.000	1.000	1.000	1.000	1.000

五、智能应急照明及疏散指示系统调试

工作内容： 技术和器具准备、检查接线、绝缘检查、程序装载或校对检查、功能测试、系统试验、记录整理等。

计量单位： 系统

编　号				9-6-27	9-6-28	9-6-29
项　目				分配电装置（台以内）		
				90	150	270
名　称			单位	消　耗　量		
人工	000303000	综合三类工	工日	21.905	36.220	61.547
材料	341103001	电	kW · h	72.000	86.000	180.000
	340115003	电池 5#	节	40.000	80.000	160.000
	280301002	铜芯塑料绝缘电线 BV-1.0mm²	m	25.000	25.000	25.000
	271799001	电气绝缘胶带 18mm × 10m × 0.13mm	卷	5.000	8.000	11.000
	340501002	打印纸 132-1	箱	0.030	0.080	0.130
	850103006	其他材料费（占材料费）	%	3.000	3.000	3.000
机械	873150102	对讲机（一对）	台班	7.000	15.000	23.000
	870622068	交/直流低电阻测试仪	台班	1.000	1.000	1.000
	870613023	手持式万用表	台班	8.000	14.000	28.000
	873112033	交流稳压电源	台班	2.000	4.000	8.000
	873112006	直流稳压电源	台班	5.000	10.000	20.000
	870622060	接地引下线导通电阻测试仪	台班	1.000	1.000	1.000

附　　录

一、成套产品包括内容

序号	项目名称	包括内容
1	湿式报警装置	湿式阀、供水压力表、装置压力表、试验阀、泄放试验阀、试验管流量计、过滤器、延时器、水力警铃、报警截止阀、漏斗、压力开关
2	干湿两用报警装置	两用阀、装置截止阀、加速器、加速器压力表、供水压力表、试验阀、泄放阀、泄放试验阀（湿式）、泄放试验阀（干式）、挠性接头、试验管流量计、排气阀、截止阀、漏斗、过滤器、延时器、水力警铃、压力开关
3	电动雨淋报警装置	雨淋阀、压力表、泄放试验阀、流量表、截止阀、注水阀、止回阀、电磁阀、排水阀、应急手动球阀、报警试验阀、漏斗、压力开关、过滤器、水力警铃
4	预作用报警装置	干式报警阀、压力表（2块）、流量表、截止阀、排放阀、注水阀、止回阀、泄放阀、报警试验阀、液压切断阀、气压开关（2个）、试压电磁阀、应急手动试压器、漏斗、过滤器、水力警铃
5	室内消火栓	消火栓箱、消火栓、水枪、水龙带、水龙带接扣、挂架
6	室外消火栓	地下式消火栓、法兰接管、弯管底座或消火栓三通
7	室内消火栓（带自动卷盘）	消火栓箱、消火栓、水枪、水龙带、水龙带接扣、挂架、消防软管卷盘
8	消防水泵接合器	消防接口本体、止回阀、安全阀、闸（蝶）阀、弯管底座、标牌
9	水炮及模拟末端装置	水炮和模拟末端装置的本体

二、水泵接合器成套产品包括内容

项目名称	型号	包括内容
消防水泵接合器	地上式 SQ 地下式 SQX 墙壁式 SQB	消防接口本体、止回阀、安全阀、闸板阀、弯管底座、放水阀 消防接口本体、止回阀、安全阀、闸板阀、弯管底座、放水阀 消防接口本体、止回阀、安全阀、闸板阀、弯管底座、放水阀、标牌

三、水喷淋镀锌钢管接头管件（丝接）含量表

单位：m

材料名称	公称直径（mm 以内）						
	25	32	40	50	70	80	100
	含量（个）						
四通		0.120	0.120	0.120	0.120	0.160	0.200
三通	0.080	0.250	0.303	0.250	0.200	0.200	0.050
弯头	0.333	0.010	0.010	0.010	0.008	0.006	0.020
管箍	0.167	0.125	0.125	0.125	0.125	0.125	0.100
异径管箍		0.200	0.303	0.303	0.303	0.250	0.150
小计	0.590	0.687	0.861	0.808	0.756	0.741	0.520

四、消火栓镀锌钢管接头管件（丝接）含量表

单位：m

材料名称	公称直径（mm 以内）			
	50	70	80	100
	含量（个）			
三通	0.185	0.164	0.090	0.050
弯头	0.247	0.187	0.123	0.110
管箍	0.125	0.125	0.125	0.125
异径管箍	0.100	0.120	0.086	0.102
小计	0.657	0.596	0.424	0.387

五、镀锌钢管与镀锌无缝钢管对应关系表

公称直径（mm）	15	20	25	32	40	50	65	80	100	150	200
无缝钢管外（mm）	20	25	32	38	45	57	76	89	108	159	219

六、主要材料损耗率表

序号	材料名称	损耗率（%）
1	室内喷淋钢管、消火栓钢管、气体钢管	3.6
2	紫铜管	3.0
3	沟槽管件	0.5
4	喷头、丝扣阀门、试水接头	1.0
5	绝缘导线、油类、线型探测器	1.8
6	铜端子、接线卡	1.5
7	报警系统管件（包括管箍、护口、锁紧螺母、管卡子等）	3.0
8	空气采样管	5.0
9	型钢	5
10	带帽螺栓、膨胀螺栓	3
11	木螺钉、塑料胀塞	4
12	地脚螺栓	5
13	锁紧螺母	6
14	氧气	10
15	乙炔气	10
16	铅油	2.5
17	清油	2
18	机油	3

七、专业名词术语

1. 火灾自动报警系统：是人们为了及早发现和通报火灾，并及时采取有效措施控制和扑灭火灾而设置在建筑物中或其他场所的一种自动消防设施。由触发器件、火灾报警装置以及具有其他辅助功能的装置组成。

2. 多线制：系统间信号按各自回路进行传输的布线制式。

3. 总线制：系统间信号采用无极性二根线进行传输的布线制式。

4. 单输出：可输出单个信号。

5. 多输出：具有二次以上不同输出信号。

6. ××××点：指报警控制器所带报警器件或模块的数量，亦指联动控制器所带联动设备的控制状态或控制模块的数量。

7. ×路：信号回路数。

8. 点型感烟探测器：对警戒范围中某一点周围的烟密度升高响应的火灾探测器。根据其工作原理不同，可分为离子感烟探测器和光电感烟探测器。

9. 点型感温探测器：对警戒范围中某一点周围的温度升高响应的探测器。根据其工作原理不同，可分为定温探测器和差温探测器。

10. 红外光束探测器：将火灾的烟雾特征物理量对光束的影响转换成输出电信号的变化并立即发出报警信号的器件。由光束发生器和接受器两个独立部分组成。

11. 火焰探测器：将火灾的辐射光特征物理量转换成电信号，并立即发出报警信号的器件。常用的有红外探测器和紫外探测器。

12. 可燃气体探测器：对监视范围内泄漏的可燃气体达到一定浓度时发出报警信号器件。常用的有催化型可燃气体探测器和半导体可燃气体探测器。

13. 线型探测器：温度达到预定值时，利用两根载流导线间的热敏绝缘物溶化使两根导线接触而动作的火灾探测器。

14. 按钮：用手动方式发出火灾报警信号且可确认火灾的发生以及启动灭火装置的器件。

15. 控制模块（接口）：在总线制消防联动系统中用于现场消防设备与联动控制器间传递动作信号和动作命令的器件。

16. 报警接口：在总线制消防联动系统中配接于探测器与报警控制器间，向报警控制器传递火警信号的器件。

17. 报警控制器：能为火灾探测器供电、接收、显示和传递火灾报警信号的报警装置。

18. 联动控制器：能接收由报警控制器传递来的报警信号，并对自动消防等装置发出控制信号的装置。

19. 报警联动一体机：即能为火灾探测器供电、接收、显示和传递火灾报警信号，又能对自动消防等装置发出控制信号的装置。

20. 重复显示器：在多区域多楼层报警控制系统中，用于某区域某楼层接收探测器发出的火灾报警信号，显示报警探测器位置，发出声光警报信号的控制器。

21. 声光报警装置：亦称为火警声光报警器或火警声光讯响器。是一种以音响方式和闪光方式发出火灾报警信号的装置。

22. 警铃：以音响方式发出火灾警报信号的装置。

23. 远程控制器：可接收传送控制器发出的信号，对消防执行设备实行远距离控制的装置。

24. 功放：用于消防广播系统中的广播放大器。

25. 消防广播控制柜：在火灾报警系统中集播放音源、功率放大器、输入混合分配器等于一体，可实现对现场扬声器控制，发出火灾报警语音信号的装置。

26. 广播分配器：消防广播系统中对现场扬声器实现分区域控制的装置。

27. 电话交换机：可利用送、受话器、通信分机进行对讲、呼叫的装置。

28. 通信分机：安置于现场的消防专用电话分机。

29. 通信插孔：安置于现场的消防专用电话分机插孔。

30. 消防报警备用电源：能提供给消防报警设备用直流电源的供电装置。

31. 消防系统调试：指一个单位工程的消防工程全系统安装完毕且连通，为检验其达到消防验收规范标准所进行的全系统的检测、调试和试验。其主要内容是：检查系统的各线路、设备安装是否符合要求，对系统各单元的设备进行单独通电检验。进行线路接口试验，并对设备进行功能确认。断开消防系统，进行加烟、加温、加光及标准校验气体进行模拟试验。按照设计要求进行报警与联动试验，整体试验及自动灭火试验。做好调试记录。

32. 自动报警控制装置：火灾报警系统中用以接收、显示和传递火灾报警信号，由火灾探测器、手动报警按钮、报警控制器、自动报警线路等组成的报警控制系统的器件、设备。

33. 灭火系统控制装置：能对自动消防设备发出控制信号，由联动控制器、报警阀喷头、消防灭火水和气体管网等组成的灭火系统的联动器件、设备。

34. 消防电梯装置：消防专用电梯。

35. 电动防火门：在一定时间内，连同框架能满足耐火稳定性和耐火完整性要求的门。

36. 防火卷帘门：在一定时间内，连同框架能满足耐火稳定性、完整性和隔热性要求的卷帘。